1＋X 职业技能等级证书配套系列教材·数据库管理系统

U0370375

数据库管理系统高级（开发）

武汉达梦数据库股份有限公司　编著

华中科技大学出版社

中国·武汉

内 容 简 介

　　达梦数据库管理系统(简称达梦数据库)DM 8 是新一代高性能数据库产品,为了方便大家更好地学习达梦数据库,我们特编写了此书。本书系统介绍了数据库运维、SQL 语言、数据库安全、数据库容灾、数据库开发等内容。本书作为"1+X 职业技能等级证书配套系列教材·数据库管理系统"系列丛书之一,共分为 4 个任务,包括达梦数据库 DM SQL 程序设计基础、DM SQL 程序设计、基于数据库访问接口标准的应用程序设计和高级语言达梦数据库程序设计。

　　本书内容实用、示例丰富、语言通俗、格式规范,可作为高等学校"数据库管理系统"课程的教材,也可作为准备数据库管理系统高级考试的参考书。

图书在版编目(CIP)数据

数据库管理系统:高级:开发/武汉达梦数据库股份有限公司编著.—武汉:华中科技大学出版社,
2021.8
　ISBN 978-7-5680-6954-0

Ⅰ.①数…　Ⅱ.①张…　Ⅲ.①数据库管理系统-高等职业教育-教材　Ⅳ.①TP311.131

中国版本图书馆 CIP 数据核字(2021)第 163414 号

数据库管理系统高级(开发)　　　　　　　　　　武汉达梦数据库股份有限公司　编著
Shujuku Guanli Xitong Gaoji(Kaifa)

策划编辑:万亚军
责任编辑:程　青
封面设计:原色设计
责任监印:周治超
出版发行:华中科技大学出版社(中国·武汉)　　　电话:(027)81321913
　　　　　武汉市东湖新技术开发区华工科技园　　　邮编:430223
录　　排:华中科技大学惠友文印中心
印　　刷:武汉开心印刷有限公司
开　　本:787mm×1092mm　1/16
印　　张:12.75
字　　数:227 千字
版　　次:2021 年 8 月第 1 版第 1 次印刷
定　　价:48.00 元

前　　言

目前，数据库管理系统广泛应用于公安、电力、铁路、航空、审计、通信、金融、海关、国土资源、电子政务等多个领域，为国家机关、各级政府和企业信息化建设发挥了积极作用。发展具有自主知识产权的数据库管理系统，打破国外数据库产品的垄断，为我国信息化建设提供安全可控的基础软件，是维护国家信息安全的重要手段。

武汉达梦数据库股份有限公司（以下简称达梦公司）推出的达梦数据库管理系统是我国具有自主知识产权的数据库管理系统之一，是唯一获得国家自主原创产品认证的数据库产品。达梦数据库管理系统经过不断的迭代与发展，在吸收主流数据库产品优点的同时，逐步形成了自身的特点，受到业界和用户的广泛认同。随着信息技术的不断发展，达梦数据库管理系统也在不断演进，从最初的数据库管理系统原型CRDS发展到2019年的DM 8。

2019年，教育部会同国家发展改革委、财政部、市场监管总局制定了《关于在院校实施"学历证书＋若干职业技能等级证书"制度试点方案》（以下简称《方案》），启动"学历证书＋若干职业技能等级证书"（简称1＋X证书）制度试点工作。培训评价组织作为职业技能等级证书及标准的建设主体，对证书质量、声誉负总责，主要职责包括标准开发、教材和学习资源开发、考核站点建设、考核颁证等，并协助试点院校实施证书培训。参与1＋X证书试点的学校，需要对标1＋X证书体系，优化相关专业人才培养方案，重构课程体系，加强师资培养，并逐步完善实验实训条件，以深化产教融合，促进书证融通，进一步提升学生专业知识与职业素养，提升就业竞争力。

在教育部职业技术教育中心研究所发布的《参与1＋X证书制度试点的第四批职业教育培训评价组织及职业技能等级证书名单》中，达梦公司作为数据库管理系统职业技能等级证书的开发与颁布单位，按照相关规范，联合行业、企业和院校等，依据国家职业标准，借鉴国内外先进标准，体现新技术、新工艺、新规范、新要求等，开发了数据库管理系统职业技能初级、中级和高级技能标准。

为了帮助1＋X证书制度试点院校了解数据库管理系统职业技能初级、中级和高级技能标准与要求,达梦公司组织有关企业专家和学校相关教师编写了"1+X职业技能等级证书配套系列教材·数据库管理系统"系列丛书,分为《数据库管理系统初级(基础管理)》、《数据库管理系统中级(备份还原)》和《数据库管理系统高级(开发)》3册。其中,《数据库管理系统高级(开发)》分为四个任务,包括掌握DM SQL程序设计基础、掌握DM SQL程序设计、基于数据库访问接口标准的应用程序设计和高级语言DM数据库程序设计。本书具有内容实用、示例丰富、语言通俗、格式规范的特点,可作为参与1+X证书制度试点的中等职业学校"数据库管理系统"课程的教材,也可作为数据库管理系统高级考试的参考书。

为了方便读者学习和体验操作,达梦数据库官网提供试用版软件,读者可下载并试用。

由于作者水平有限,书中难免有些错误与不妥之处,敬请读者批评指正,欢迎读者通过达梦数据库技术支持的联系方式或发电子邮件至 zss@dameng.com 与我们交流。

编　者

2021 年 6 月

目　　录

引言　了解项目背景及目标

1. 项目背景

某公司中标多个项目,要求使用达梦数据库,业务逻辑需求语言和框架多样化,不同项目使用不同开发语言访问数据库,完成数据的增、删、改、查等业务操作。项目开发中需要用到达梦数据库相关知识,包含达梦数据库存储过程、函数、触发器的创建和调用等,要求使用不同语言访问达梦数据库,使用标准接口访问达梦数据库等。

2. 项目目标

根据项目需要选择对应的开发语言和开发框架,实现复杂的业务逻辑处理和业务数据访问,主要目标如下:

(1) 使用存储过程或函数、触发器等完成复杂的业务操作。

(2) 使用 JAVA 语言调用 JDBC 接口实现对达梦数据库的操作和访问。

(3) 使用.NET 语言调用.NET Data Provider 接口实现对达梦数据库的操作和访问。

(4) 使用 C 语言调用 ODBC 接口实现对达梦数据库的操作和访问。

(5) 使用 PHP、Python 等语言实现对达梦数据库的操作和访问。

3. 项目任务划分

1) 任务 1:DM SQL 程序设计基础

一条 SQL 语句只能完成某个单一功能的数据处理。为了提高数据库管理系统的数据处理能力,达梦数据库对 SQL 进行了扩展,将变量、数据类型、控制结构、游标、异常处理、过程和函数等结构化程序设计要素引入 SQL 语言中,从而实现对数据库数据各种复杂的处理。在达梦数据库中,这种程序称为 DM SQL 程序。

掌握 DM SQL 程序块是掌握 DM 存储过程、存储函数、包和触发器定义的基础,如果要在数据库中实现复杂的业务逻辑数据处理,比如 for 循环、条件控制和异常处理等,就必须掌握 DM SQL 程序块的使用。

2) 任务 2:DM SQL 程序设计

在达梦数据库中,可以定义存储过程、存储函数、触发器和包,它们与表和视图等数据库对象一样被存储在数据库中,可以在不同用户和应用程序之间共享。

在业务中,常常使用存储过程或存储函数来实现复杂的逻辑处理,某些特殊场景下还需要配合使用触发器来实现数据记录和数据修改。

定义存储过程和存储函数、包等可以提高编程效率,使代码可维护性增强,提高代码执行性能和安全性。

3) 任务 3:基于数据库访问接口标准的应用程序设计

应用系统对数据库的访问和操作需借助数据库系统提供的接口来实现,为便于程序员开发基于 DM 8 数据库系统的应用程序或对原有应用程序进行数据库迁移等升级改造,DM 8 数据库针对不用应用场景和不同编程语言,严格遵循国际数据库标准或行业标准,提供了丰富、标准和可靠的编程接口。

比如,如果业务开发语言是 JAVA 语言,则可以使用 JDBC 接口来访问达梦数据库;对于.NET 语言,可以使用.NET Data Provider 接口访问达梦数据库;除此之外,达梦数据库还支持 ODBC 接口,可使用 ODBC 接口来访问达梦数据库。

4) 任务 4:高级语言达梦数据库程序设计

在数据库系统的实际应用中,常常需要通过应用程序对数据库进行操作,为此,达梦数据库系统提供了对多种高级程序语言的支持,包括 PHP、Python、Node.js 和 Go 语言等。应用程序可根据需要选择不同语言调用对应接口来访问和操作达梦数据库。

4. 达梦数据库编程概述

达梦数据库管理系统 DM 8(简称达梦数据库)是达梦数据库股份有限公司推出的具有完全自主知识产权的新一代高性能数据库产品,具有丰富的数据库访问及数据操作接口,完全满足当前主流程序设计语言开发的需要,本书主要介绍达梦数据库 DM SQL 程序设计、主要编程接口、主要系统包、示例数据库及 SQL 脚本编辑及调试工具。

1) 达梦数据库主要特点及技术指标

达梦数据库是一个能跨越多种软硬件平台、具有大型数据综合管理能力的、高效稳定的通用数据库管理系统,而且与 Oracle、SQL Server 等主流数据库具有高度的兼容性。达梦数据库在支持应用系统开发及数据处理方面的主要特点如下。

(1) 支持安全高效的服务器端存储模块开发。

达梦数据库可以运用过程语言和 SQL 语句创建存储过程或存储函数(存储过程和存储函数统称为存储模块),存储模块运行在服务器端,并能对其进行访问控制,减少了应用程序对达梦数据库的访问,提高了数据库的性能和安全性。

达梦数据库还提供了丰富多样的程序包,包括特有的空间信息处理 DMGEO 系统包,以及兼容 Oracle 数据库的 DBMS_ALERT、DBMS_OUTPUT、UTL_FILE 和 UTL_MAIL 等系统包共计 36 个,为空间信息处理、收发邮件、访问和操作系统数据文件等功能的开发提供了有效的手段。

达梦数据库提供了命令行和图形化两种调试工具,支持对存储过程中 SQL 的执行计划的准确跟踪,使得 SQL 调试工具不仅可用于调试程序,还可用于对复杂存储过程、存储函数、触发器、包、类等高级对象进行性能跟踪与调优。

(2) 具有符合国际通用或行业标准的数据库访问和数据操作接口。

达梦数据库遵循 ODBC、JDBC、OLE DB、.NET Provider 等国际数据库标准或行业标准,提供了符合 ODBC 3.0 标准的 ODBC 接口驱动程序,符合 JDBC 3.0 标准的 JDBC 接口驱动程序,以及符合 OLE DB 2.7 标准的 OLE DB 接口驱动程序,从而支持 Eclipse、JBuilder、Visual Studio、Delphi、C++Builder、PowerBuilder 等各种流行数据库应用开发工具。

(3) 高度兼容 Oracle、SQL Server 等主流数据库管理系统。

达梦数据库增加了 Oracle、SQL Server 等数据库的数据类型、函数和语法，在功能扩展、函数定义、调用接口定义及调用方式等方面尽量与 Oracle、SQL Server 等数据库产品一致，实现了很多 Oracle 独特的功能和语法，包括 ROWNUM 表达式、多列 IN 语法、层次查询、外连接语法"（＋）"、INSTEAD OF 触发器、％TYPE 及记录类型等，使得多数 Oracle 的应用可以不用修改而直接移植到达梦数据库。另外，只需要将原有的基于 Oracle 的 OCI 和 OCCI 接口开发的应用程序连接到由 DM 8 提供的兼容动态库，开发人员无须更改应用系统的数据库交互代码，即可基本完成应用程序的移植，从而最大限度地提高应用系统的可移植性和可重用性，降低了应用系统移植和升级的工作难度与强度。

达梦数据库还提供了策略可定制、并行化数据迁移、批量数据快速加载的数据迁移工具，便于用户和开发人员从不同的数据库、文件数据源向达梦数据库进行数据迁移。

（4）支持国际化应用开发。

达梦数据库支持 Unicode、GBK18030 及 EUC-KR 等字符集。用户可以在安装系统时，指定服务器端使用 UTF-8 字符集。在客户端能够以各种字符集存储文本，并使用系统提供的接口设置客户端使用的字符集，或者缺省使用客户端操作系统缺省的字符集。客户端和服务器端的字符集由用户指定后，所有字符集都可以透明地使用，系统负责不同字符集之间的自动转换，从而满足国际化的需要，增强了达梦数据库的通用性。

（5）自适应各种软硬件平台。

达梦数据库服务器内核采用一套源代码实现了对不同软件平台（Windows/Linux/Unix/AIX/Solaris 等）、硬件平台（X64/X86/SPARC/POWER/TITAM）的支持，各种平台上的数据存储结构完全一致。而且，各平台的消息通信结构也完全一致，这使得达梦数据库的各种组件均可以跨不同的软、硬件平台与数据库服务器进行交互。另外，达梦数据库管理工具、应用开发工具集使用 Java 编写，从而可以跨平台工作，即同一程序无须重新编译，其执行码拷贝到任一种操作系统平台上都能直接运行，确保在各种操作系统平台上界面风格统一，便于用户学习掌握工具软件的操作方法。

达梦数据库在技术指标上已达到或超过主流数据库产品的水平，主要技术指标包括：

①定长字符串类型（CHAR）字段最大长度为 8188 字节。

②变长字符串类型(VARCHAR)字段最大长度为 8188 字节。

③多媒体数据类型字段最大长度为$(2 \times 2^{30} - 1)$字节。

④一个记录(不含多媒体数据)最大长度为页大小的一半。

⑤一个记录中字段个数最大为 2048。

⑥一个表中记录数最大为 256 万亿条。

⑦一个表中数据容量最大为 4000 PB(受操作系统限制)。

⑧表名、列名等标识符的最大长度为 128 字节。

⑨能定义的最大同时连接数为 65000。

⑩每个表空间的物理文件数目最多为 256 个。

⑪物理文件的大小为 32 K×4 G。

⑫每个数据库的表、视图、索引等对象的数目最多为 16777216。

⑬数值类型的最高精度为 38 个有效数字。

⑭在一个列上允许建立的索引数最多为 1020。

⑮表上的最大 UNIQUE 索引数为 64。

2) 达梦数据库主要编程接口和系统包

(1) 主要编程接口。

达梦数据库具有丰富的应用开发编程接口,为应用系统访问数据库和操作数据库数据提供了高效便捷的手段,可满足不同数据库应用系统开发的需要。DM 8 支持的编程语言及接口特性如表 0-1 所示。

表 0-1　DM 8 支持的编程语言及接口特性

开发语言	接口与开发框架	说　明
C/C++	DPI(达梦数据库原生编程接口)	DPI 实现了类似 Microsoft ODBC 3.0 接口标准的直接访问达梦数据库的编程接口,它除了具备基本的数据存取接口功能以外,新增了以下功能:①增加元数据获取接口,并实现了跟踪(trace)功能,支持复合数据类型;②支持包含结尾 0 的大字段数据转换与读写操作;③支持读写分离集群的主备切换自动处理;④对于字符参数长度,DPI/OCI/OCCI 允许超过 8 K,最大可以达到 32 K;⑤支持语句级的执行超时功能;⑥语句分配释放处理性能

开发语言	接口与开发框架	说　　明
C/C++	DM DCI(与 OCI 风格兼容的 C 语言编程接口)	DM DCI 实现了与 Oracle OCI(Oracle call interface)兼容的编程接口,除了支持 SQL 所有的数据定义、数据操作、查询、事务管理等操作以外,新增以下功能:①支持大对象文件 BFILE;②增加了跟踪功能和 UTF-16 编码格式;③增加了 OCIDIRECTPATH 对大字段的分片装载实现;④支持获取 OCI_ATTR_SERVER_STATUS 等属性;⑤支持 OCINumberIsInt 函数;⑥衍生支持面向行业的 NCI 接口
	ODBC	支持通过 Microsoft ODBC 3.0 规范访问达梦数据库,可以直接调用 DM ODBC 3.0 接口函数访问达梦数据库,也可以使用可视化编程工具如 C++ Builder、PowerBuilder 等利用 DM ODBC 3.0 访问达梦数据库。除此以外,新增支持返回游标类型、支持 CLOB/BLOB 类的相关方法
	嵌入式 C (Pro*C)	达梦数据库支持在 C 程序中嵌入 SQL 语句,进行数据库操作,主要功能包括:①支持绑定的指示符变量为结构型;②增加对上下文对象作用域的识别;③支持 CHAR_MAP＝STRING 的功能;④支持识别 BEGIN DECLARE SECTION 中需要解析的 EXEC SQL VAR 定义语句;⑤支持 STRING、CHARZ、CHARF、VARCHAR、VARCHAR2 字符类型,在数据指示符的设置(对齐方式、是否结束符、是否 0 填充)等方面兼容 Oracle;⑥支持识别 CONST 变量,支持在数组空间定义 CONST 变量;⑦支持 EXEC SQL include 与 EXEC SQL define 命令
	DM FLDR C	大文本装载 C 语言接口
	Logmnr C	日志获取 C 语言接口

续表

开发语言	接口与开发框架	说　　明
. Net	. NET Data Provider	提供了通过. NET Framework 访问达梦数据库并进行存取的编程接口,除此以外,新增了支持读写分离集群的切换功能
	EFDmProvider	达梦数据库支持 EF 6. 0 框架、CodeFirst 模式及 AutoMigration。Entity Framework 6 (EF6) 是专为. NET Framework 设计的对象关系映射器
	EFCore	达梦数据库新增对 EFCore 的支持。Entity Framework Core (EF Core) 是适用于. NET 的新式对象数据库映射器,支持 LINQ 查询、更改跟踪、更新和架构迁移
	NHibernate	支持面向. NET 环境的对象/关系型数据库映射
	DDEX 插件	新增面向 Microsoft Visual Studio 的 DDEX(Data Designer Extensibility)插件。数据设计器扩展性(DDEX)允许数据库厂商在该框架的基础上进行图形化插件的开发,并将其集成到 Visual Studio 开发环境中,可以利用向导或拖拽控件等方式实现数据库连接、查询等操作,可替代烦琐的代码编写工作
Java	JDBC	除了 JDBC 基本功能以外,达梦数据库的新特性包括:①支持 JDBC 4.1 规范;②提供了利用 GeoServer 操作达梦数据库的方言包;③提供全局、服务器组和连接三个级别的属性配置;④支持读写分离环境,备机故障恢复重加入功能;⑤支持集群负载均衡功能;⑥提供类似 Druid 的会话、SQL 和结果集监控,提供类似 log4jdbc 的 SQL 日志;⑦STAT模块提供内置 servlet,为监控数据提供可视化展示;⑧支持 MPP 环境数据本地分发功能;⑨多种数据类型编解码优化,提升了编解码性能
	hibernate	具有支持 hibernate spatial 开发的方言包
	DM FLDR JNI	大文本装载 Java 接口
	Logmnr JNI	日志获取 Java 接口

开发语言	接口与开发框架	说 明
Python	Python3	具有支持 Python3 开发的 dmPython 包
	django	支持 django 框架开发
	sqlalchemy	具有 sqlalchemy 开发包
PHP	—	支持 PHP5.6 和 PDO5.6 开发,重构 PDO 的代码
Node.js	—	支持 Node.js 的开发
Go	—	支持 Go 语言原生接口

图 0-1 所示是达梦数据库主要编程接口及关系,主要编程接口说明如下。

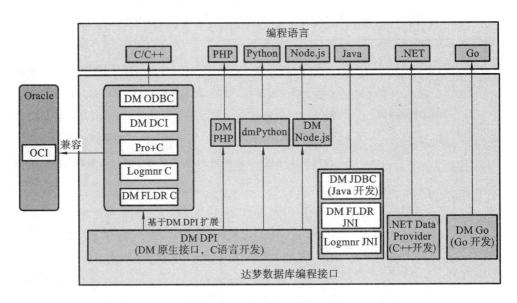

图 0-1 达梦数据库主要编程接口及关系示意图

①DM DPI。

DM DPI 是达梦数据库原生编程接口,其实现参考了 Microsoft ODBC 3.0 标准,基于 C 语言编写,提供了访问达梦数据库的最直接的途径。除 DM JDBC、.NET Data Provider 之外,DM DCI、DM ODBC、DM PHP、dmPython、Node.js 等接口都是基于 DPI 扩展而实现的。其中 DM DCI 是兼容 Oracle OCI 功能的接口。兼容 Oracle 功能是指可实现与 Oracle 相同或类似的功能,但接口名称和参数可能不完全相同。

②DM DCI。

DM·DCI(DM call interface)是参照 Oracle 调用接口(Oracle call interface,OCI)标准,基于 DM DPI 接口,采用 C 语言编写实现的,提供了一组可对达梦数据库进行数据访问和存取的接口函数,支持 C 和 C++的数据类型、接口调用、语法和语义。

③DM JDBC。

DM JDBC(Java database connectivity)是用 Java 编程语言编写的类和接口,为利用 Java 语言访问和操作达梦数据库提供支撑。DM JDBC 是利用 Java 语言访问数据库的主要方式,以便利用连接池的功能来提高应用系统访问数据库的性能。

④DM ODBC。

DM ODBC 3.0 遵循 Microsoft ODBC 3.0 标准,实现了应用程序与达梦数据库的互连。程序员可以直接调用 DM ODBC 3.0 接口函数访问达梦数据库,也可以使用可视化编程工具如 C++ Builder、PowerBuilder 等通过 DM ODBC 3.0 访问达梦数据库。DM ODBC 基于 DM DPI 接口,采用 C 语言开发实现。

应用 DM ODBC 开发程序时,需要安装达梦数据库客户端 ODBC 驱动程序,并且应用环境需要安装相应的操作系统(Window/Linux)的 ODBC 安装包,并配置 DM ODBC 数据源。

⑤.NET Data Provider。

.NET Data Provider 是在.NET Framework 编程环境下,采用 C♯语言开发的应用程序访问达梦数据库的编程接口。.NET Data Provider 在数据源和代码之间创建了一个轻量级的中间层,以便在不影响功能的前提下提高性能。

⑥DM PHP。

DM PHP 是一个基于 DM DPI 开发的动态扩展库,实现了基于 PHP 开发的 Web 应用访问和达梦数据库操作。DM PHP 参考 MySQL 的 PHP 扩展实现。

⑦dmPython。

dmPython 是依据 Python DB API version 2.0 规范开发的利用 Python 访问达梦数据库接口。dmPython 基于 DM DPI 接口开发实现。在应用 dmPython 时,除了需要 Python 标准库以外,还需要 DPI 的动态库。

⑧DM Node.js。

由于 Node.js 没有标准的数据库接口规范,故达梦公司根据达梦数据库的特点,为开发人员提供了一套 DM Node.js 数据库驱动接口,其包名为 dmdb,并上传至 npm

仓库。

⑨DM Go。

DM Go 是遵循 Go 语言数据库访问和数据操作标准,基于 Go 1.13 版本开发的 database/sql 包接口,实现利用 Go 语言应用程序访问达梦数据库的功能。

⑩DM FLDR。

DM FLDR(DM fast loader)是实现将文本数据快速载入达梦数据库的接口。开发人员可以使用 FLDR 接口,将按照一定格式排序的文本数据以快速、高效的方式载入达梦数据库中,或把达梦数据库中的数据按照一定格式写入文本文件中。FLDR 接口提供 C 语言和 Java 语言两种接口,并提供 DM FLDR 快速数据装载命令行工具。

⑪DM Logmnr。

DM Logmnr 包是达梦数据库的日志分析工具,用于分析归档日志文件,包括 JNI 接口和 C 接口,以及 DBMS_LOGMNR 系统包。使用 DBMS_LOGMNR 系统包可以通过动态视图 v$logmnr_contents 展示日志中的信息。

达梦数据库各类编程接口所需要的动态库及驱动程序如表 0-2 所示。

表 0-2　达梦数据库编程接口驱动程序清单

接　　口	高级语言驱动包 (DM 安装目录/drivers 目录下)	Jar 包 (DM 安装目录/jar 目录下)
DMDPI	dpi 目录下文件	
DM JDBC	jdbc 目录下文件,对应不同 JDK 版本和不同 Hibernate 版本方言包	
DM ODBC	odbc 目录下文件	
DM DCI	dci 目录下文件	
.NET Data Provider	dotNet 目录下文件,对应不同框架下文件及方言包	
PHP	php_pdo 下对应版本的文件	
dmPython	python/dmPython 目录下编译源代码进行安装,dmPython 驱动依赖 DM DPI 驱动	
DM FLDR C	fldr 目录下文件	

续表

接　　口	高级语言驱动包 （DM 安装目录/drivers 目录下）	Jar 包 （DM 安装目录/jar 目录下）
DMFLDR JNI		com. dameng. floader. jar，依赖 DM FLDR C 库
DM Logmnr C	logmnr 目录下文件	
DM Logmnr JNI		com. dameng. logmnr. jar，依赖 DM Logmnr C 库
DM Node. js	DM 提供 DM Node. js 数据库驱动接口，包名为 dmdb，并上传至 npm 仓库	
DM GO	go 目录	

（2）主要系统包。

达梦数据库提供了丰富多样的程序包，包括特有的空间信息处理 DMGEO 系统包，生产 AWR 报告的 DBMS_WORKLOAD_REPOSITORY 系统包，以及兼容 Oracle 数据库的系统包，主要系统包及其功能如表 0-3 所示。

表 0-3　达梦数据库系统包及其功能

系统包名称	主要功能
DMGEO	DMGEO 系统包实现了 SFA 标准（*OpenGIS® Implementation Standard for Geographic information—Simple feature access—Part 2：SQL option*）中规定的 SQL 预定义 schema，基于 SQL UDT（自定义数据类型）的空间数据类型的初始化，以及针对空间数据类型的几何体计算函数。使用 SP_INIT_GEO_SYS(1)创建 DMGEO 系统包，默认安装达梦数据库后不创建该系统，需手动创建
DBMS_ADVANCED_REWRITE	兼容 Oracle 的 DBMS_ADVANCED_REWRITE 包的大部分功能。在不改变应用程序的前提下，在服务器端将查询语句替换成其他的查询语句执行，此时就需要查询重写（QUERY REWRITE）。达梦数据库支持对原始语句中的某些特定词的替换，以及整个语句的替换，不支持递归和变换替换

系统包名称	主要功能
DBMS_ALERT	兼容 Oracle 的 DBMS_ALERT 包的大部分功能,用于生成并传递数据库预警信息,当发生特定数据库事件时能够将预警信息传递给应用程序。达梦数据库还提供了 DBMS_ALERT_INFO 视图来实现与 Oracle 类似的功能,查看注册过的预警事件。DBMS_ALERT 可实现多个进程(会话)之间的通信。 在 DM MPP 环境和 DM DSC 环境下不支持 DBMS_ALERT 包
DBMS_BINARY	用于读写二进制流,实现从一个二进制流指定位置开始对基本数据类型的读写,包括 CHAR、VARCHAR、TINYINT、SMALLINT、INT、BIGINT、FLOAT、DOUBLE 数据类型。支持 8 个过程和 8 个函数,分别用来在二进制流中存取数据
DBMS_PAGE	包含索引页、INODE 页、描述页、控制页等。 DBMS_PAGE 包的使用依赖 DBMS_BINARY 包
DBMS_JOB	兼容 Oracle 的 DBMS_JOB 包的大部分功能,按指定的时间或间隔执行用户定义的作业。达梦数据库提供了 DBMS_JOB 包及 DBA_JOBS、USER_JOBS 视图来实现与 Oracle 类似的功能。该系统包默认安装后不创建,在手动调用 SP_INIT_JOB_SYS(1)创建 DM 作业系统后,此系统包即创建
DBMS_LOB	兼容 Oracle 的 DBMS_LOB 包的大部分功能,用于对大对象字段(BLOB、CLOB)进行操作的一系列方法的集合
DBMS_LOCK	兼容 Oracle 的 DBMS_LOCK 包,提供锁管理服务器的接口。利用该包可以完成下列功能:①提供对设备的独占访问;②提供程序级的读锁;③判断程序何时释放锁;④同步程序及强制顺序执行。 在 DM MPP 环境和 DM DSC 环境下不支持 DBMS_LOCK 包
DBMS_LOGMNR	兼容 Oracle 的 DBMS_LOGMNR 系统包的部分功能。用户可以使用 DBMS_LOGMNR 包对归档日志进行挖掘,重构出 DDL 和 DML 等操作,并通过获取的信息进行更深入的分析。仅支持对归档日志进行分析,配置归档后,还需要将 dm.ini 中的 RLOG_APPEND_LOGIC 选项置为 1 或 2。 在 DM MPP 环境下不支持 DBMS_LOGMNR 包

续表

系统包名称	主要功能
DBMS_METADATA	兼容 Oracle 的 DBMS_METADATA 系统包的功能。其 GET_DDL 函数用于获取数据库对表、视图、索引、全文索引、存储过程、函数、包、序列、同义词、约束、触发器等对象的 DDL 语句。 在 DM MPP 环境下不支持使用 DBMS_METADATA 包
DBMS_OBFUSCATION_TOOLKIT	兼容 Oracle 的 DBMS_OBFUSCATION_TOOLKIT 系统包的功能。为了保护敏感数据,用户可以对数据进行 DES/DES3 加密,生成加密密钥,或进行 DES/DES3 解密,生成 MD5 散列值等
DBMS_OUTPUT	兼容 Oracle 的 DBMS_OUTPUT 系统包的大部分功能。提供将文本行写入内存,供以后提取和显示的功能,多用于代码调试和数据的显示输出,支持 ENABLE/DISABLE、PUT_LINE/GET_LINE 过程
DBMS_PIPE	兼容 Oracle 的 DBMS_PIPE 包的功能。同一实例的不同会话之间通过管道进行通信。这里的管道(PIPE)类似于 Unix 系统的管道,但它不是采用操作系统机制实现的。管道信息被存储在本地消息缓冲区中,当关闭实例时管道信息会丢失。 DBMS_PIPE 包的使用流程为:发送端创建管道(CREATE_PIPE)→打包管道消息(PACK_MESSAGE)→发送消息(SEND_MESSAGE)→接收端接收消息(RECEIVE_MESSAGE)→取出消息(UNPACK_MESSAGE)
DBMS_RANDOM	兼容 Oracle 的 DBMS_RANDOM 包大部分功能。实现随机产生 INT 类型数、NUMBER 类型数、字符串,以及符合正态分布的随机数
DBMS_RLS	兼容 Oracle 的 DBMS_RLS 包大部分功能,通过策略(POLICY)管理方法来实现数据行的隔离。使用 DBMS_RLS 包创建策略组、增加启用策略、增加上下文策略等实现数据行访问权限的精细访问控制
DBMS_SESSION	兼容 Oracle 的 DBMS_SESSION 包大部分功能,提供查询会话上下文、设置会话上下文、清理会话上下文信息的功能

系统包名称	主要功能
DBMS_SPACE	用来获取表空间(不包含 HUGE 表空间)、文件、页、簇、段的内容,获取所有物理对象(文件、页)和逻辑对象(表空间、簇、段)的存储空间信息
DBMS_SQL	兼容 Oracle 的 DBMS_SQL 包大部分功能,用来执行动态 SQL 语句。本地动态 SQL 只能实现固定数量的输入输出变量,对执行的 SQL 长度也有一定限制。DBMS_SQL 实现不定数量的输入变量(绑定变量)、输出变量,可以一次打开一个游标,多次使用,并支持超长 SQL
DBMS_ TRANSACTION	兼容 Oracle 的 DBMS_TRANSACTION 包部分功能。仅支持 LOCAL_TRANSACTION_ID 函数,提供获得当前活动事务号的功能
DBMS_STATS	兼容 Oracle 的 DBMS_STATS 包大部分功能。提供收集、查看、删除表/分区/列/索引的统计信息的功能。将收集的统计信息记录在数据字典中,查询优化使用这些信息,选择最合适的执行计划
DBMS_UTILITY	兼容 Oracle 的 DBMS_UTILITY 包部分功能。仅支持 FORMAT_ ERROR_STACK、GET_HASH_VALUE、GET_TIME、FORMAT_ CALL_STACK、FORMAT_ERROR_BACKTRACE 函数
DBMS_WORKLOAD_ REPOSITORY	数据库快照是一个只读的静态的数据库。达梦数据库快照功能是基于数据库实现的,每个快照基于数据库的只读镜像。通过检索快照,可以获取源数据库在快照创建时间点的相关数据信息。为了方便管理自动工作集负载信息库 AWR(automatic workload repository)的信息,系统为其所有重要统计信息和负载信息执行一次快照,并将这些快照存储在 AWR 中。AWR 功能默认是关闭的,如果需要开启,则调用 DBMS_WORKLOAD_REPOSITORY.AWR_SET_INTERVAL 过程设置快照的间隔时间。DBMS_WORKLOAD_REPOSITORY 包提供 snapshot(快照)的管理功能。 用户在使用 DBMS_WORKLOAD_REPOSITORY 包之前,需要提前调用系统过程 SP_INIT_AWR_SYS(1),并设置间隔时间。达梦数据库默认安装后不创建该系统包,需手动创建

续表

系统包名称	主要功能
DBMS_XMLGEN	兼容 Oracle 的 DBMS_XMLGEN 系统包,将 SQL 查询结果转换成 XML 文档
DBMS_SCHEDULER	兼容 Oracle 的 DBMS_SCHEDULER 包常用方法。基于日历语法实现作业的调度,实现 JOB、SCHEDULER、PROGRAM 对象的创建。默认不存在 DBMS_SCHEDULER 系统包,需要使用 SP_INIT_DBMS_SCHEDULER_SYS(1)创建该系统包
DBMS_MVIEW	兼容 Oracle 的 DBMS_MVIEW 包部分功能,提供可以一次性刷新多个物化视图的方法
UTL_ENCODE	兼容 Oracle 的 UTL_ENCODE 包部分功能,仅支持 BASE64_DECODE 和 BASE64_ENCODE 函数,提供了对 BASE64 字符集 varbinary 类型数据进行编码和解码的功能
UTL_FILE	兼容 Oracle 的 UTL_FILE 包功能,提供读写操作系统数据文件的功能。它提供一套严格的使用标准操作系统文件 I/O 方式:OPEN、PUT、GET 和 CLOSE 操作。当用户想读取或写一个数据文件的时候,可以使用 FOPEN 函数来打开指定文件,返回一个文件句柄,这个文件句柄将用于随后对文件的所有操作。使用 PUT_LINE 写 TEXT 字符串和行终止符到一个已打开的文件句柄上,使用 GET_LINE 来读取指定文件句柄的一行到提供的变量
UTL_INADDR	兼容 Oracle 的 UTL_INADDR 包功能,实现主库 IP 地址和主库名之间转换的功能
UTL_MAIL	兼容 Oracle 的 UTL_MAIL 包功能,实现发送简单的邮件和包含附件的邮件的功能。使用该包前,需先调用 INIT 函数设置 SMTP 服务器信息,然后使用 SEND 或 SEND_ATTACH_RAW 函数发送邮件
UTL_MATCH	兼容 Oracle 的 UTL_MATCH 包部分功能。支持两个函数,分别是计算源字符串和目标字符串的差异字符个数、源字符串和目标字符串相似度的函数

系统包名称	主要功能
UTL_RAW	兼容 Oracle 的 UTL_RAW 包,提供与 Oracle 基本一致的功能。此系统包提供将十六进制类型数据转化为其他类型数据、其他类型数据转换为十六进制类型数据的功能,以及十六进制串数值连接、比较、字符集转换、数值截取等相关函数
UTL_TCP	兼容 Oracle 的 UTL_TCP 包,提供与外部的 TCP/IP 服务器通信,以及基本的收发数据的功能
UTL_URL	兼容 Oracle 的 UTL_URL 系统包部分功能,提供对 URL 地址进行转码与解码操作的功能
UTL_SMTP	兼容 Oracle 的 UTL_SMTP 包的部分功能,实现对 SMTP 服务器的基本访问连接,设置发件人、收件人、SMTP 服务器信息,实现通过 SMTP 服务器发送邮件的功能
UTL_HTTP	兼容 Oracle 的 UTL_HTTP 包的部分功能,提供通过 HTTP 协议发送/获取网页内容的功能。通过发送 GET/POST 请求,设置头信息、body 字符集等信息,发送或获取 HTTP 响应消息
UTL_I18N	兼容 Oracle 的 UTL_I18N 包功能,提供字符串与十六进制编码的相互转换的功能。UTL_I18N 依赖于 UTL_RAW

3)达梦数据库语法描述说明

本书中,SQL 语句语法中各个符号的含义如下。

(1)<>:表示一个语法对象。

(2)::=:定义符,用来定义一个语法对象。定义符左边为语法对象,右边为相应的语法描述。

(3)|:或者符,或者符限定的语法选项在实际的语句中只能出现一个。

(4){ }:大括号内的语法选项在实际的语句中可以出现 $0,1,\cdots,N$ 次(N 为大于 0 的自然数),但是大括号本身不能出现在语句中。

(5)[ ]:中括号内的语法选项在实际的语句中可以出现 $0,1$ 次,但是中括号本身不能出现在语句中。

为了便于阅读,在示例中所有关键字以大写字母形式出现,所有数据库对象、变量均采用小写字母形式。

4）示例数据库说明

本书中的示例数据库是某公司的人力资源信息，数据表包括 EMPLOYEE（员工信息）、DEPARTMENT（部门信息）、JOB（岗位信息）、JOB_HISTORY（员工任职岗位历史信息）、LOCATION（部门地理位置信息）、REGION（部门所在地区信息）、CITY（部门所在城市信息），示例数据库 ER 图如图 0-2 所示，各数据表的内容如表 0-4 至表 0-10 所示①。

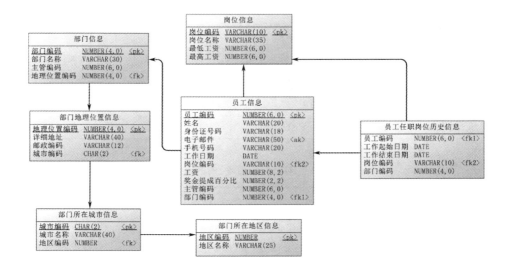

图 0-2　示例数据库 ER 图

表 0-4　EMPLOYEE（员工信息）的列清单

字 段 代 码	数 据 类 型	长 度	说 明
EMPLOYEE_ID	NUMBER(6,0)	6	主键，员工编码
EMPLOYEE_NAME	VARCHAR(20)	20	姓名
IDENTITY_CARD	VARCHAR(18)	18	身份证号码
EMAIL	VARCHAR(50)	50	电子邮件
PHONE_NUM	VARCHAR(20)	20	手机号码
HIRE_DATE	DATE	—	工作日期

① 在安装达梦数据库系统时，用户可以选择"创建示例数据库 DMHR"，系统将自动创建"DMHR"示例库，模式名为 DMHR，归属于 SYSDBA 用户。

续表

字 段 代 码	数 据 类 型	长　　度	说　　明
JOB_ID	VARCHAR(10)	10	外键,岗位编码
SALARY	NUMBER(8,2)	8	工资
COMMISSION_PCT	NUMBER(2,2)	2	奖金提成百分比
MANAGER_ID	NUMBER(6,0)	6	主管编码
DEPARTMENT_ID	NUMBER(4,0)	4	部门编码

表 0-5　DEPARTMENT(部门信息)的列清单

字 段 代 码	数 据 类 型	长　　度	说　　明
DEPARTMENT_ID	NUMBER(4,0)	4	主键,部门编码
DEPARTMENT_NAME	VARCHAR(30)	30	部门名称
MANAGER_ID	NUMBER(6,0)	6	外键,主管编码
LOCATION_ID	NUMBER(4,0)	4	外键,地理位置编码

表 0-6　JOB(岗位信息)的列清单

字 段 代 码	数 据 类 型	长　　度	说　　明
JOB_ID	VARCHAR(10)	10	主键,岗位编码
JOB_TITLE	VARCHAR(35)	35	岗位名称
MIN_SALARY	NUMBER(6,0)	6	最低工资
MAX_SALARY	NUMBER(6,0)	6	最高工资

表 0-7　JOB_HISTORY(员工任职岗位历史信息)的列清单

字 段 代 码	数 据 类 型	长　　度	说　　明
EMPLOYEE_ID	NUMBER(6,0)	6	员工编码
START_DATE	DATE	—	工作起始日期
END_DATE	DATE	—	工作结束日期
JOB_ID	VARCHAR(10)	10	外键,岗位编码
DEPARTMENT_ID	NUMBER(4,0)	4	外键,部门编码

表 0-8　LOCATION(部门地理位置信息)的列清单

字 段 代 码	数 据 类 型	长　　度	说　　明
LOCATION_ID	NUMBER(4,0)	4	主键,地理位置编码

续表

字 段 代 码	数 据 类 型	长　　度	说　　明
STREET_ADDRESS	VARCHAR(40)	40	详细地址
POSTAL_CODE	VARCHAR(12)	12	邮政编码
CITY_ID	CHAR(2)	2	外键,城市编码

表 0-9　REGION(部门所在地区信息)的列清单

字 段 代 码	数 据 类 型	长　　度	说　　明
REGION_ID	NUMBER	—	主键,地区编码
REGION_NAME	VARCHAR(25)	25	地区名称

表 0-10　CITY(部门所在城市信息)的列清单

字 段 代 码	数 据 类 型	长　　度	说　　明
CITY_ID	CHAR(2)	2	主键,城市编码
CITY_NAME	VARCHAR(40)	40	城市名称
REGION_ID	NUMBER	—	外键,地区编码

5) 达梦数据库 SQL 程序编辑及调试工具

达梦数据库提供了图形化界面的 DM 管理工具和命令行工具 dmdbg,开发人员可以利用此工具进行 DM SQL 脚本的编辑、调试和运行,以及触发器、存储过程、存储函数、包等高级对象的管理。DM 管理工具中的 SQL 助手 2.0,具有 SQL 语法检查功能和 SQL 输入助手功能。SQL 语法检查功能可以对用户输入的 SQL 语句进行实时的语法检查,定位错误的 SQL 语法,并能够对用户输入 SQL 进行实时的智能提示,提示的内容包括数据库对象和 SQL 关键字等。在脚本单步调试过程中可以查看堆栈、断点、变量和执行计划等信息。

(1) DM 管理工具。

①DMSQL 程序编辑及运行。

首先运行"DM 管理工具",然后点击主界面的"对象导航页"下的"LOCALHOST"节点,弹出登录界面,输入用户名和口令 SYSDBA,dameng123),然后点击登录界面的"确定"按键,出现图 0-3 所示的主界面。

然后,在主界面右半部分"SQL 编辑器"里编辑脚本,编辑完成后,点击主菜单快捷工具条中的图标" ▶ ",或者使用快捷键"F8"运行脚本,运行提示信息出现"SQL 编

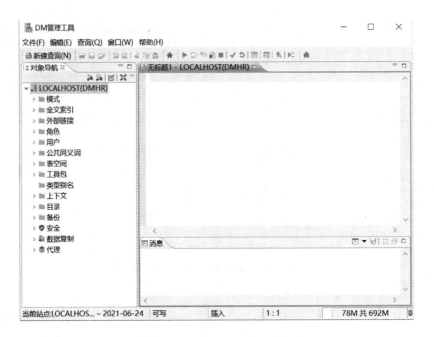

图 0-3　DM 管理工具主界面

辑器"和下面的"消息"窗口,如图 0-4 所示。

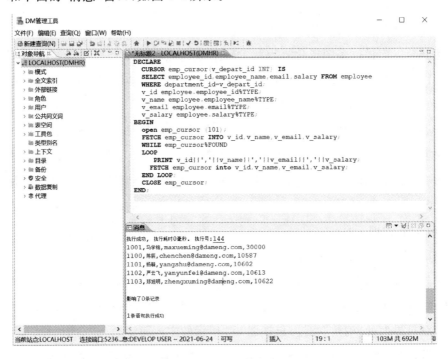

图 0-4　DM 管理工具"SQL 编辑器"主界面

②DM SQL 程序调试。

DM 管理工具中的"SQL 调试器"提供了输入 SQL 调试参数，单步调试，查看堆栈、变量及执行计划等功能。下面以存储过程为例，简要介绍 DM SQL 脚本调试方法。

首先，在 DM 管理工具左半边部分"对象导航"树下，找到要调试的存储过程，点击鼠标右键，从弹出的菜单中选择"调试|在新的调试编辑器调试"，系统自动生成调试脚本，出现图 0-5 所示的"SQL 调试器"主界面。SQL 调试器主界面快捷按钮 ▶️ ⏸️ ⏹️ 分别表示继续、暂停、停止；按钮 🔽 🔼 🔀 分别表示进入（F5）、下一步（F6）、跳出（F7）。

图 0-5　DM 管理工具"SQL 调试器"主界面

然后点击"SQL 调试器"工具栏中的图标" ▶ "或者按快捷键"F11"，再点击工具栏的" 🔽 "进行单步调试。在"SQL 调试器"下面的各个页面可以查看控制台、初始变量、堆栈、断点、变量和执行计划等信息，如图 0-6 所示。

（2）命令行调试工具 dmdbg。

dmdbg 是达梦数据库提供的用于调试 DM SQL 程序的命令行工具，安装达梦数据库管理系统后，在安装目录的"bin"子目录下可找到 dmdbg 执行程序。使用 dmdbg

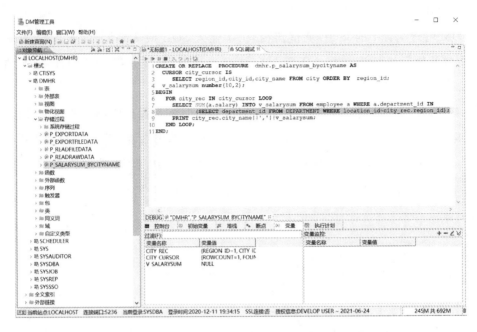

图 0-6 DM 管理工具"SQL 调试器"单步调试界面

调试工具,首先要调用系统过程 SP_INIT_DBG_SYS(1)创建调试所需要的包。

①工具状态及调试命令。

dmdbg 在整个运行过程中可以处于初始(S)、待执行(W)、执行(R)、调试(D)、执行结束(O)等不同的状态。

初始状态(S):工具启动完成后,尚未设置调试语句;

待执行状态(W):设置调试语句后,等待用户执行;

执行状态(R):开始执行后,未中断而运行的过程;

调试状态(D):执行到断点或强制中断后进入交互模式;

执行结束(O):执行完当前设置的调试语句,并返回结果。

dmdbg 在不同的状态下可以执行不同的操作,如表 0-11 所示,其中备注表示不同的命令分别在哪些状态下可以使用。

表 0-11 dmdbg 工具的调试命令

命　令	含　义	备　注
LOGIN	登录	S/W/D/O
SQL	设置调试语句	S/W/O
B	设置断点	W/D/O

命　　令	含　　义	备　　注
INFO B	显示断点信息	W/D/O
D	取消断点	W/D/O
R	执行语句	W/O
CTRL+C	中断执行	R
L	显示调试脚本	D
C	继续执行	D
N	单步执行	D
S	执行进入	D
F 或 FINISH	执行跳出	D
P	打印变量	D
BT	显示堆栈	D
UP	上移栈帧	D
DOWN	下移栈帧	D
KILL	结束当前执行	W/D/O
QUIT	退出调试工具	S/W/D/O

②调试过程。

下面以本书例 2-4 中存储过程"p_salarysum_ bycityname"为例,介绍应用 dmdbg 工具的方法。

登录。双击 dmdbg. exe 执行程序,进入 dmdbg 命令行工具窗口。在命令行输入 LOGIN 命令登录,会提示用户输入服务名(localhost)、用户名(DMHR)、密码 (dameng123)、端口号(5236)、ssl 路径和 ssl 密码。

设置调试的 SQL 语句。如果 SQL 是单条语句,则以分号";"结尾;如果是语句 块,则语句块必须以单独一行的斜杠符"/"结束。在调试中从 SQL 语句实际起始行开始计算行数。在命令行输入的命令如下:

```
DBG>SQL call p_salarysum_bycityname();
```

显示脚本。每次显示 5 行代码,再次执行 L 命令时(不需要带方法名),从已显示的下一行开始显示。在命令行输入的命令如下:

```
DBG> L p_salarysum_bycityname;
```

设置断点。设置断点的行号时必须遵守以下原则：定义声明部分不能设置断点；如果一条语句跨多行，则断点应设置在语句的最后一行；如果多条语句在同一行，则执行中断在其中第一条语句执行前；如果设置断点的行号不能中断，则自动将其下移到第一个可以中断的行；可以在调试过程中动态添加断点，如果在同一位置重复设置断点，则重复断点被忽略。在存储过程"p_salarysum_ bycityname"的第 11 行设置断点，在命令行输入的命令如下：

```
DBG> B call p_salarysum_bycityname:11;
```

显示断点。显示的每个断点包含以下信息：序号，这是一个自增值，从 1 开始，设置断点时自动为其分配；方法名，如果为语句块，则方法名为空；行号。在命令行输入的命令如下：

```
DBG> INFO B
```

运行。如果设置了断点，则在断点指定的位置处执行中断，转入调试状态，并显示当前执行所在行的语句；否则，执行完成并显示结果。R 命令运行结束之后，如果没有重新设置 SQL 语句，则再次运行的仍是之前设置的 SQL 语句，断点信息可以重用；如果重新设置了 SQL 语句，则断点信息亦被清空。在命令行输入的命令如下：

```
DBG> R
```

显示 city_rec.city_name 变量值。在命令行输入的命令如下：

```
DBG> P city_rec.city_name
```

继续执行。在调试状态下，可以使用命令 C 继续执行 SQL 语句，直至运行到断点或执行完成。在命令行输入的命令如下：

```
DBG>C
```

取消断点。断点序号可以通过 INFO B 命令获取,删除后断点的编号不会重用。取消断点命令可以在工具运行的任何时间调用。在命令行输入的命令如下:

```
DBG>D1
```

结束执行。结束执行之后,必须重新设置 SQL 语句,且断点信息被清空。在命令行输入的命令如下:

```
DBG>KILL
```

退出调试工具。如果不希望继续调试,可以输入命令 QUIT,dmdbg 工具将中断连接,退出执行。在命令行输入的命令如下:

```
DBG>QUIT
```

任务 1　DM SQL 程序设计基础

1.1　任务说明

  一条 SQL(结构化查询语言)语句只能完成某个单一功能的数据处理功能。为了提高数据库管理系统的数据处理能力,达梦数据库对 SQL 进行了扩展,将变量、控制结构、过程和函数等结构化程序设计要素引入 SQL 语言中,从而实现对数据库数据各种复杂的处理。在达梦数据库中,将这种程序称为 DM SQL 程序。本章介绍 DM SQL 程序的特点、语法结构、数据类型、控制结构、游标和异常处理等内容,通过本章的学习,读者可以使用 DM SQL 程序块完成 for 循环、条件控制和异常逻辑处理等。

1.2　DM SQL 程序的特点

  DM SQL 程序是对 SQL 的扩充,它允许 SQL 的数据操纵语句和查询语句包含在块结构和代码过程语言中,这使 DM SQL 程序成为一种功能强大的事务处理语言。DM SQL 程序可以理解为控制语句和 SQL 语句的组合。DM SQL 程序的特点如下:
  (1) 在 SQL 语句中集成了过程式结构。
  SQL 是非过程式语言,当向服务器提交 SQL 语句时,只告诉数据库服务器做什么,而不能指定服务器如何执行 SQL 命令。在 DM SQL 程序中增加了条件和过程控制语句,可以很方便地控制命令的执行。

（2）改善了系统性能。

利用 DM SQL 程序，可以把复杂的数据处理放在服务器端来执行，省去了数据在网上的传输时间，减少了网络通信流量，从而改善了系统运行性能。

（3）具有异常处理功能。

程序在运行中出于各种原因会发生错误，DM SQL 程序提供异常处理机制，一旦程序执行发生错误，其能捕获错误并处理，避免发生系统崩溃的现象。

（4）模块化编程。

DM SQL 程序的基本单元是块，可以把相关的语句根据逻辑组成一个 DM SQL 程序块。可以把块嵌套到一个更大的块完成更强大的功能。DM SQL 程序允许把大的复杂的程序分解为小的、可管理的、相关的子模块，便于调试和维护程序。

1.3 DM SQL 程序块结构

语句块是 DM SQL 程序语言的基本程序单元。DM SQL 语句块的结构由块声明、执行部分及异常处理部分组成，DM SQL 语句块语法如下：

```
DECLARE(可选)--声明部分
/*    声明部分:在此声明 DM SQL 程序用到的变量,类型及游标*/
BEGIN(必有)--执行部分
/*    执行部分:  过程及 SQL 语句,即程序的主要部分   */
EXCEPTION(可选)--异常处理部分
/*异常处理部分:错误处理   */
END;(必有)
```

声明部分包含了变量和常量的数据类型和初始值。这个部分由关键字 DECLARE 开始。如果不需要声明变量或常量，那么可以忽略这一部分。需要说明的是，游标的声明也在这一部分中。

执行部分是 DM SQL 语句块中的指令部分，由关键字 BEGIN 开始，以关键字 EXCEPTION 结束，如果 EXCEPTION 不存在，那么将以关键字 END 结束。所有的可执行语句都放在这一部分，其他的 DM SQL 语句块也可以放在这一部分。

异常处理部分是可选的,在这一部分处理异常或错误,对异常处理的详细讨论在后面进行。

除了 DECLARE、BEGIN、EXCEPTION 后面没有分号(英文分号";")以外,其他命令行都以英文分号";"结束。

1.4　DM SQL 程序代码编写规则

DM SQL 程序开发人员应遵循变量命名规范、大小写规则,并注意对代码进行注释,以提高程序代码的规范性和可读性,方便程序调试,提高程序设计效率。

1.4.1　变量命名规范

在命名变量名称时,需要遵循的规范如下:

(1)必须以字母开头。

(2)变量可以包含字母和数字。

(3)变量可以包含美元符号、下划线、英镑符号等特殊字符。

(4)变量长度限制在 30 个字符内。

(5)变量应使用有意义的名称。

(6)不能用保留字。

命名变量时,为了便于阅读,提高程序的可读性,一般采用如下命名规则。

(1)当定义变量时,建议使用 v_作为前缀,如 v_empname、v_job 等。

(2)当定义常量时,建议使用 c_作为前缀,如 c_rate。

(3)当定义游标时,建议使用_cursor 作为后缀,如 emp_cursor。

(4)当定义异常时,建议使用 e_作为前缀,如 e_integrity_error。

表 1-1 所示的是变量命名示例。

表 1-1　变量命名示例

变 量 名	是 否 合 法	原 因
Name2	合法	—
90ora	不合法	必须以字母开头

变 量 名	是 否 合 法	原 因
P_count	合法	—
XS－count	不合法	使用了不合法的特殊字符
Kc mc	不合法	不能含有空格
User	不合法	使用了保留字

1.4.2 大小写规则

在 DM SQL 语句块中编写程序代码,语句代码既可以用大写格式,也可以用小写格式。但是,为了提高程序的可读性和性能,一般按照如下大小写规则编写代码。

(1) SQL 关键字采用大写格式,如 SELECT、UPDATE、SET、WHERE 等。

(2) DM SQL 程序关键字采用大写格式,如 DECLARE、BEGIN、END 等。

(3) 数据类型采用大写格式,如 INT、VARCHAR2、DATE 等。

(4) 标识符和常量采用小写格式,如 v_sal、c_rate 等。

(5) 数据库对象和表字段采用小写格式,如表名 employee、job 等,字段 employee_id、employee_name 等。

1.4.3 注释

注释用于解释单行代码或多行代码,从而提高 DM SQL 程序的可读性。当编译并执行 DM SQL 程序代码时,DM SQL 程序编译器会忽略注释。注释包括单行注释和多行注释。

1. 单行注释

单行注释是指放置在一行上的注释文本,并且单行注释主要用于说明单行代码的作用。在 DM SQL 程序中使用"--"符号编写单行注释。

【例 1-1】 单行注释举例。

```
SELECT  employee_name INTO v_employee_name  FROM  employee
WHERE employee_id = '1001' --取 employee_id 为'1001' 的 employee_name 值
```

2. 多行注释

多行注释是指分布到多行上的注释文本,并且其主要作用是说明一段代码的作用。在 DM SQL 程序中使用/ * … * /来编写多行注释。

【例 1-2】 多行注释举例。

```
DECLARE
  v_employee_name   VARCHAR2(20);
BEGIN
/*
    以下代码将 employee_id 为'1001'的 employee_name 值放到 v_employee_name 变
量中
 * /
  SELECT employee_name INTO v_employee_name  FROM  employee
  WHERE employee_id = '1001'; --取 employee_id 为'1001'的 employee_name 值;
  PRINT 'employee_id 为 1001 的 employee_name:'|| v_employee_name;
END;
```

1.5 DM SQL 程序变量声明、赋值及操作符

像其他高级语言一样,DM SQL 程序也具有变量。变量用来临时存储数据,数据在数据库与 DM SQL 程序之间是通过变量进行传递的。使用变量以前必须声明变量,实际上是指示计算机留出部分内存,这样用户就可以使用变量的名称来引用这一部分内存。

1.5.1　变量声明及初始化

声明一个变量需要给这个变量指定数据类型及名称,对于大部分数据类型,都可以在定义的同时指定初始值。一个变量的名称一定要符合变量命名规范,在达梦数据库中标识符的定义规则与 C 语言相同。

要声明变量的数据类型可以是基本的 SQL 数据类型,也可以是 DM SQL 程序数据类型,比如一个游标、异常等。在语法中需要用关键字 CONSTANT 来指定所声明的常量,同时必须要给这个常量赋值。常量的值不能修改,只能读取,不然会报错。语法格式如下:

标识符［CONSTANT］数据类型［NOT NULL］[:= | DEFAULT 表达式];

语法说明如下。

(1) 标识符:变量的名称。

(2) CONSTANT:表示变量为常量,它的值在初始化后不能改变。

(3) 数据类型:指明该变量的数据类型,可以是标量、复合型、引用或 LOB 型。

(4) NOT NULL:指明该变量值不能为空,必须初始化并赋值。

(5) 表达式:可以是任意 DM SQL 程序表达式,可以是字符表达式、其他变量和带有操作或函数的表达式。

【例 1-3】　变量定义举例。

```
DECLARE
  v_hire_date DATE;
  v_salary NUMBER(5) NOT NULL:=3000;
  v_employee_name VARCHAR2(200):='马学铭';
BEGIN
  SELECT * FROM employee  WHERE employee_name=v_employee_name;
END;
```

1.5.2　变量赋值

在 DM SQL 程序语句块中,赋值语句的语法如下:

```
variable :=expression ;
```

或

```
SET variable:=expression;
```

其中:variable 是一个 DM SQL 程序变量;expression 是一个 DM SQL 程序表达式。

1.5.3　操作符

与其他程序设计语言相同,DM SQL 程序有一系列操作符。操作符分为下面几类:算术操作符、关系操作符、比较操作符、逻辑操作符。

算术操作符如表 1-2 所示。

表 1-2　算术操作符

操　作　符	对　应　操　作
+	加
−	减
/	除
*	乘

关系操作符主要用于条件判断语句和 WHERE 子串中,关系操作符检查条件和结果是 TRUE 还是 FALSE。表 1-3 列出了 DM SQL 程序中的关系操作符,表 1-4 所示为比较操作符,表 1-5 所示为逻辑操作符。

表 1-3　关系操作符

操　作　符	对　应　操　作
<	小于操作符

续表

操　作　符	对　应　操　作
<=	小于或等于操作符
>	大于操作符
>=	大于或等于操作符
=	等于操作符
! =	不等于操作符
<>	不等于操作符
:=	赋值操作符

表 1-4　比较操作符

操　作　符	对　应　操　作
IS NULL	如果操作数为 NULL 则返回 TRUE
LIKE	比较字符串值
BETWEEN	验证值是否在范围之内
IN	验证操作数是否在设定的一系列值中

表 1-5　逻辑操作符

操　作　符	对　应　操　作
AND	两个条件都必须满足
OR	只要满足两个条件中的一个
NOT	取反

1.6　变 量 类 型

DM SQL 程序数据类型包括标量(scalar)、大对象(large object,LOB)、记录、数组和集合等。

1.6.1　标量数据类型

标量容纳单个值,没有内部组成。标量分为数值型(Number)、日期型(Date)、位串型(Bit)、字符型(Character)。例如,"256120.08"是数字型,"2009-10-01"是日期型,"true"是逻辑型,"武汉市"是字符型。标量数据类型的语法及说明如表 1-6 所示。

表 1-6 标量数据类型的语法及说明

数据类型	语　　法	说　　明
数值型	NUMERIC[(精度[,标度])] DEC[(精度[,标度])] DECIMAL[(精度[,标度])]	NUMERIC 数据类型用于存储零、正负定点数。其中:精度是一个无符号整数,定义了总的位数,精度范围是 1~38,标度定义了小数点右边的数字位数,定义时如精度省略,则默认是 16;如标度省略,则默认是 0。一个数的标度不应大于其精度。所有 NUMERIC 数据类型的数,如果其值超过精度,达梦数据库返回一个出错信息,如果超过标度,则多余的位被截断。如 NUMERIC(4,1)定义了小数点前面 3 位和小数点后面 1 位,共 4 位数字,范围为 $-999.9 \sim 999.9$
	BIT	BIT 类型用于存储整数数据 1、0 或 NULL,可用来支持 ODBC 和 JDBC 的布尔数据类型。达梦数据库的 BIT 类型与 SQL SERVER 2000 的 BIT 数据类型相似
	INTEGER INT PLS_INTEGER	用于存储有符号整数,精度为 10,标度为 0。取值范围为 $-2147483648(-2^{31}) \sim +2147483647(2^{31}-1)$
	BIGINT	用于存储有符号整数,精度为 19,标度为 0。取值范围为 $-9223372036854775808(-2^{63}) \sim 9223372036854775807(2^{63}-1)$
	BYTE	与 TINYINT 相似,精度为 3,标度为 0
	SMALLINT	用于存储有符号整数,精度为 5,标度为 0
	BINARY[(长度)]	BINARY 数据类型指定定长二进制数据。默认长度为 1 个字节。最大长度由数据库页面大小决定,BINARY 常量以 0x 开始,后面跟着数据的十六进制表示,如 0x2A3B4058
	VARBINARY[(长度)]	VARBINARY 数据类型指定变长二进制数据,用法类似 BINARY 数据类型,可以指定一个正整数作为数据长度。默认长度为 8188 个字节。最大长度由数据库页面大小决定

续表

数据类型	语　法	说　明
数值型	REAL	REAL 指定带二进制精度的浮点数,但它不能由用户指定精度,系统指定其二进制精度为 24,十进制精度为 7。取值范围为－3.4E＋38～3.4E＋38
	FLOAT[(精度)]	FLOAT 指定带二进制精度的浮点数,精度最大不超过 53,如省略精度,则二进制精度为 53,十进制精度为 15。取值范围为－1.7E＋308～1.7E＋308
	DOUBLE[(精度)]	同 FLOAT 相似,精度最大不超过 53
	DOUBLE PRECISION	该类型指定双精度浮点数,其二进制精度为 53,十进制精度为 15。取值范围－1.7E＋308～1.7E＋308
字符型	CHAR[(长度)]	定长字符串,最大长度由数据库页面大小决定。长度不足时,自动填充空格
	VARCHAR[(长度)]　CHARACTER[(长度)]	变长字符串,最大长度由数据库页面大小决定
日期、时间型	DATE	日期类型,包括年、月、日信息,如 DATA '1999-10-01'
	TIME	包括时、分、秒信息,如 TIME '09:10:21'
	TIMESTAMP	时间戳型,包括年、月、日、时、分、秒信息,如 TIMESTAMP '1999-07-13 10:11:22'
	TIME[(小数秒精度)] WITH TIME ZONE	描述一个带时区的 TIME 值,其定义是在 TIME 类型的后面加上时区信息,如 TIME '09:10:21 ＋8:00'
	TIMESTAMP [(小数秒精度)] WITH TIME ZONE	描述一个带时区的 TIMESTAMP 值,其定义是在 TIMESTAMP 类型的后面加上时区信息,如 TIMESTAMP ' 2002-12-12 09:10:21 ＋8:00'
	TIMESTAMP [(小数秒精度)] WITH LOCAL TIME ZONE	描述一个带本地时区的 TIMESTAMP 值,能够将标准时区类型 TIMESTAMP WITH TIME ZONE 转化为本地时区类型,如果插入的值没有指定时区,则默认为本地时区

数据类型	语 法	说 明
时间间隔型	INTERVAL YEAR(P)	年间隔,即两个日期之间的年数字,P为时间间隔的首项字段精度(后面简称为首精度)
	INTERVAL MONTH(P)	月间隔,即两个日期之间的月数字,P为时间间隔的首精度
	INTERVAL DAY(P)	日间隔,即两个日期/时间之间的日数字,P为时间间隔的首精度
	INTERVAL HOUR(P)	时间隔,即两个日期/时间之间的时数字,P为时间间隔的首精度
	INTERVAL MINUTE(P)	分间隔,即两个日期/时间之间的分数字,P为时间间隔的首精度
	INTERVAL SECOND(P,Q)	秒间隔,即两个日期/时间之间的秒数字,P为时间间隔的首精度,Q为时间间隔秒精度
	INTERVAL YEAR(P) TO MONTH	年月间隔,即两个日期之间的年月数字,P为时间间隔的首精度
	INTERVAL DAY(P) TO HOUR	日时间隔,即两个日期/时间之间的日时数字,P为时间间隔的首精度
	INTERVAL DAY(P) TO MINUTE	日时分间隔,即两个日期/时间之间的日时分数字,P为时间间隔的首精度
	INTERVAL DAY(P) TO SECOND(Q)	日时分秒间隔,即两个日期/时间之间的日时分秒数字,P为时间间隔的首精度,Q为时间间隔秒精度
	INTERVALL HOUR(P) TO MINUTE	时分间隔,即两个日期/时间之间的时分数字,P为时间间隔的首精度
	INTERVAL HOUR(P) TO SECOND(Q)	时分秒间隔,即两个日期/时间之间的时分秒数字,P为时间间隔的首精度,Q为时间间隔秒精度
	INTERVAL MINUTE(P) TO SECOND(Q)	分秒间隔,即两个日期/时间之间的分秒间隔,P为时间间隔的首精度,Q为时间间隔秒精度

续表

数据类型	语　　法	说　　明
逻辑型	BOOL BOOLEAN	TRUE 和 FALSE。达梦数据库的 BOOL 类型和 INT 类型可以相互转化。如果变量或方法返回的类型是 BOOL 类型,则返回值为 0 或 1。TRUE 和非 0 值的返回值为 1,FALSE 和 0 值返回为 0。BOOLEAN 与 BOOL 类型用法完全相同

1.6.2　大对象数据类型

大对象(large object,LOB)数据类型用于存储类似图像、声音这样的多媒体数据,LOB 数据对象可以是二进制数据也可以是字符数据,其最大长度不超过 2 G。

在 DM SQL 程序中 LOB 数据对象包括 BLOB、CLOB、TEXT、IMAGE、LONGVARBINARY、LONGVARCHAR 和 BFILE。大对象数据类型说明如表 1-7 所示。

表 1-7　大对象数据类型说明

数据类型	说　　明
TEXT LONGVARCHAR	变长字符串类型,其字符串的长度最大为 $2\times2^{30}-1$,可用于存储长的文本串
IMAGE LONGVARBINARY	可用于存储多媒体信息中的图像类型。图像由不定长的像素点阵组成,长度最大为 $2\times2^{30}-1$ 字节。该类型除了存储图像数据之外,还可用于存储其他任何二进制数据
BLOB	BLOB 类型用于指明变长的二进制大对象,长度最大为 $2\times2^{30}-1$ 字节
CLOB	CLOB 类型用于指明变长的字符串,长度最大为 $2\times2^{30}-1$ 字节
BFILE	用于指明存储在操作系统中的二进制文件,文件存储在操作系统而非数据库中,仅能进行只读访问

1.6.3 ％TYPE 类型

在程序中,变量可以被用来处理存储在数据库表中的数据。在这种情况下,变量应该拥有与表列相同的类型。例如,表 employee 中的字段 employee_name 类型为 VARCHAR(20)。在程序块中,可以对应声明一个变量 DELCARE v_name VARCHAR(20),但是如果 employee 中 employee_name 字段的定义发生了变化,比如变为 VARCHAR(50)。那么程序块中的变量 v_name 的类型也要相应修改为 VARCHAR(50)。如果程序块中有很多变量,则手动处理很麻烦,也容易出错。

为了解决上述问题,达梦数据库提供了％TYPE 类型。％TYPE 可以附加在表中的列或者另外一个变量上,并返回其类型。

【例 1-4】 ％TYPE 类型定义举例。

```
DECLARE

    v_employee_name  employee.employee_name %TYPE
```

通过使用％TYPE,v_employee_name 将拥有表 employee 的 employee_name 字段的类型;如果表 employee 的 employee_name 字段类型定义发生变化,则 v_employee_name 的类型也随之自动发生变化,而不需要用户手动修改。因此,使用％TYPE有两个好处:首先不必知道字段的数据类型;其次,当字段数据类型改变时,对应的变量类型也随之改变。

1.6.4 ％ROWTYPE 类型

与％TYPE 类似,％ROWTYPE 将返回一个基于表定义的复合类型,它将一个记录声明为具有相同结构的数据表的一行。与％TYPE 类似,如果表结构定义改变了,那么％ROWTYPE 定义的变量也会随之改变。

【例 1-5】 使用％ROWTYPE 类型的变量存储表 employee 中的一行数据。

```
DECLARE
    emp_record   employee%ROWTYPE;
BEGIN
    SELECT * INTO emp_record FROM employee WHERE employee_id='1001';
    PRINT  emp_record.employee_id;
    PRINT  emp_record.employee_name;
END;
```

1.6.5　记录类型

%ROWTYPE 中定义的结构与数据库中记录的结构是一致的,DM SQL 程序还可以根据用户的需要自定义记录的结构。方法是首先定义记录的结构,然后定义记录类型的变量。语法如下:

```
TYPE 记录类型名 IS RECORD(
   记录字段名 1 数据类型 [NOT NULL] [DEFAULT default_value][:=default_value]
   ...
);
```

语法说明如下。

(1) 记录类型名:表示自定义的记录类型的名称。

(2) 记录字段名 1:表示记录类型中的记录成员名。

(3) 数据类型:表示字段的数据类型。

【例 1-6】　使用记录类型变量存储表 employee 中的一行数据。

```
DECLARE
    TYPE emp_record_type IS RECORD(
    v_name   employee.employee_name%TYPE,
```

```
            v_email    employee.email%TYPE,
            v_phone    employee.phone_num%TYPE);
            emp_record emp_record_type;
BEGIN
    SELECT employee_name, email, phone_num into emp_record
    FROM employee WHERE employee_id='1002';
    PRINT emp_record.v_name||','||emp_record.v_email||','||emp_record.v_
phone;
END;
```

注意:记录成员的顺序、个数、类型应与 SELECT 语句中选择的列完全匹配,否则会产生错误。

1.6.6 数组类型

数组数据类型包括静态数组类型和动态数组类型。静态数组是在声明时已经确定了大小的数组,其长度是预先定义好的,在整个程序中,数组大小一旦给定就无法改变。而动态数组则不然,它可以随程序需要而被重新指定大小。动态数组的存储空间是从堆(HEAP)上分配(即动态分配的),通过执行代码为其分配存储空间。当程序执行到这些语句时,才为其分配存储空间,程序员负责释放内存。需要注意的是,达梦数据库中数组下标的起始值为 1。理论上达梦数据库支持的静态数组的每一个维度的最大长度为 65534 B,动态数组的每一个维度的最大长度为 2147483646 B,但是数组最大长度同时受系统内部堆栈(静态数组)和堆(动态数组)空间大小的限制,如果超出堆栈/堆的空间限制,系统会报错。

1. 静态数组

静态数组的语法格式如下:

> TYPE 数组名 IS ARRAY 数据类型 [常量表达式, 常量表达式, …];

【例 1-7】　数组类型定义举例。

```
DECLARE
  TYPE arr_type IS ARRAY  INT[3]; --TYPE 定义数组类型
  a arr_type; --用自己定义的数组类型声明数组
  TYPE arr1_type IS ARRAY  INT[2,3];
  b arr1_type; --多维数组
BEGIN
  FOR i  IN 1..3 LOOP    --TYPE 定义的数组
    a[i] :=i * 10;
    print a[i];
  END LOOP;
  FOR i IN 1..2 LOOP
    FOR j IN 1..3 LOOP
       b[i][j] :=i * 10 +j;
       PRINT b[i][j];
    END LOOP;
  END LOOP;
END;
```

2. 动态数组

动态数组与静态数组的用法类似,区别只在于动态数组没有指定的下标,需要动态分配空间。动态数组的语法格式如下:

> TYPE 数组名 IS ARRAY 数据类型 [, …]

为多维动态数组分配空间的语法如下:

```
数组名 :=NEW 数据类型[常量表达式,…];
```

也可以使用如下两种语法对多维数组的某一维度进行空间分配。其中,第二种方式是使用自定义类型来创建动态数据,前提是先定义好一个类型,该方式适用于含有精度或长度的数据类型。

```
数组名:=NEW 数据类型 [常量表达式][];
数组名:=NEW 自定义类型 [常量表达式][];
```

【例 1-8】 动态数组使用举例。

```
DECLARE
  TYPE arr_type IS ARRAY INT[];
  a  arr_type;
BEGIN
  a :=NEW INT[3]; --动态分配空间
  FOR i IN 1..3 LOOP
    a[i] :=i * 10;
    PRINT a[i];
  END LOOP;
END;
```

【例 1-9】 自定义类型定义动态数组举例。

```
DECLARE
  TYPE v_var_type IS VARCHAR(100) ;
  TYPE v_varry_type IS ARRAY v_var_type[];
  b v_varry_type;
BEGIN
```

```
    b =new v_var_type[4];      --动态分配空间
    FOR i IN 1..3 LOOP
      b[i] :=i * 11;
      PRINT b[i];
    END LOOP;
    PRINT ARRAYLEN(b);      --函数 ARRAYLEN 用于求取数组的长度
END;
```

【例 1-10】　多维动态数组举例。

```
DECLARE
    TYPE v_arr_type IS ARRAY INT[ , ];
    a v_arr_type;
BEGIN
    a :=NEW INT[3,4]; --为二维动态数组一次性分配空间
    FOR i IN 1..3 LOOP
        FOR j IN 1 ..4 LOOP
          a[i][j] :=i * j;
          PRINT a[i][j];
        END LOOP;
    END LOOP;
    PRINT ARRAYLEN(a);      --函数 ARRAYLEN 用于求取数组的长度
END;
```

达梦数据库还支持索引表的数组,如例 1-11。

【例 1-11】　索引数组举例。

```
DECLARE
    TYPE v_arr_type IS TABLE OF INT INDEX BY INT;      --这种方式只能定义一维
数组
```

```
       a v_arr_type;
 BEGIN
    FOR i IN 1..3 LOOP
       a(i) :=i * 10;
       PRINT a(i);
    END LOOP;
    PRINT a.COUNT; --返回集合中元素的个数
 END;
```

在达梦数据库中,可以通过查询语句查询数组信息。语法如下:

```
 SELECT * FROM ARRAY <数组>;
```

目前达梦数据库只支持一维数组的查询。数组类型可以是记录类型和普通数据库类型。记录类型数组查询出来的列名为记录类型每一个属性的名称。普通数据库类型查询出来的列名均为"C"。

【例 1-12】 数组与表的连接查询举例。

```
 DECLARE
    TYPE rrr IS RECORD (x INT, y INT);
    TYPE ccc IS ARRAY rrr[];
    c ccc;
 BEGIN
    c =NEW rrr[2];
    FOR i IN 1..2 LOOP
       c[i].x =i;
       c[i].y =i* 2;
    END LOOP;
    SELECT arr.x, o.name FROM ARRAY c arr, SYSOBJECTS o WHERE arr.x =o.id;
 END;
```

返回结果如下：

```
x   NAME
1   SYSINDEXES
2   SYSCOLUMNS
```

1.6.7　集合类型

1. 变长数组

变长数组是一种具有可伸缩性的数组，它有一个最大容量，变长数组的下标是从 1 开始的有序数字。有多种方法可以操作数组中的项。定义变长数组的语法格式如下：

```
TYPE 数组名 IS VARRAY(常量表达式)  OF  数据类型；
```

数据类型可以是基本数据类型，也可以是其他自定义类型或对象、记录、其他变长数组类型等，这使得构造复杂的结构成为可能。

【例 1-13】　一个简单的 VARRAY 使用示例。

```
DECLARE
  TYPE my_array_type IS VARRAY(10) OF INTEGER;
  v my_array_type;
  i, k INTEGER;
BEGIN
  v=my_array_type(5,6,7,8);
  k=v.COUNT();
  PRINT 'v.COUNT()=' || k;
```

```
    FOR i IN 1..v.COUNT() LOOP
        PRINT 'V(' || i || ')=' ||v(i);
    END LOOP;
END;
```

2. 索引表

　　索引表提供了一种快速、方便地管理一组相关数据的方法,是程序中的重要内容。索引表是一组数据的集合,数据按照一定规则组织起来,形成一个可操作的整体,可用于对大量数据进行有效组织和管理。通过索引表可以对大量类型相同的数据进行存储、排序、插入及删除等操作,从而可以有效地提高程序开发效率,改善程序的编写方式。

　　索引表和数组类似,只是索引表使用起来更加方便,但是性能不如数组。数组在定义时需要用户指定数组的大小,当用户访问数组大小之外的数组元素时,系统会报错;索引表相当于一个一维数组,但不需要用户指定大小,大小根据用户的操作自动增长。语法格式如下:

```
TYPE 索引表名 IS TABLE OF 数据类型 INDEX BY 数据类型;
```

　　第一个数据类型是索引表存放的数据的类型,这个数据类型可以是基础数据类型,也可以是其他自定义类型或对象、记录、静态数组,但不能是动态数组;第二个数据类型则是索引表的下标类型,目前仅支持 INTEGER/INT 和 VARCHAR 两种类型,分别代表整数下标和字符串下标。对于 VARCHAR 类型,长度不能超过 1024 B。

　　索引表的成员函数可以用来遍历索引表,或查看索引表的信息。

　　【例1-14】 索引表举例。

```
DECLARE
  TYPE  v_arr_type   IS TABLE OF INT INDEX BY INT;
```

```
        v_arr v_arr_type;
        c  INT;
BEGIN
        v_arr(1) =1;
        c :=v_arr.count;
        PRINT c;     --打印值为 1 表示里面有一个元素
END;
```

【例 1-15】 普通的索引表举例。

```
DECLARE
        TYPE v_arr_index_type IS TABLE OF VARCHAR(100) INDEX BY INT;
        x v_arr_index_type;
BEGIN
        x(1) :='TEST1';
        x(2) :='TEST2';
        x(3) :=x(1)||x(2);
        PRINT x(3);
END;
```

【例 1-16】 用索引表来存储游标记录举例①。

```
DECLARE
        TYPE v_arr_index_type IS TABLE OF VARCHAR(200) INDEX BY INT;
        x v_arr_index_type;
        i INT;
        CURSOR c1;
```

---

① 如果运行此例题程序不能输出结果,则需要在达梦数据库管理工具中将"消息区"的"显示最大字符数"数值设置为 50000。

```
BEGIN
    i:=1;
    OPEN c1 FOR SELECT name FROM SYSOBJECTS;
LOOP
      IF c1%NOTFOUND THEN
         EXIT;
      END IF;
      FETCH c1 INTO x(i);      --遍历结果集,把每行的值都存放在索引表中
      i :=i +1;
    END LOOP;
    i =x."FIRST"();       --遍历输出索引表中的记录
LOOP
      IF i IS NULL THEN
         EXIT;
      END IF;
      PRINT x(i);
      i =x."NEXT"(i);
    END LOOP;
END;
```

【例 1-17】 用索引表管理记录举例。

```
DECLARE
    TYPE v_rd_type IS RECORD(id INT, name VARCHAR(128));
    TYPE v_arr_type IS TABLE OF v_rd_type INDEX BY INT;
    x v_arr_type;
    i INT;
    CURSOR c1;
BEGIN
    i :=1;
```

```
OPEN c1 FOR SELECT id, name FROM SYSOBJECTS;
LOOP
  IF c1%NOTFOUND THEN EXIT;
    END IF;
    FETCH c1 INTO x(i).id, x(i).name; --遍历结果集,把每行的值都存放在索引
表中
    i :=i +1;
END LOOP;
i =x."FIRST"(); --遍历输出索引表中的记录
LOOP
  IF i IS NULL THEN EXIT;
  END IF;
  PRINT 'ID:' ||CAST(x(i).id AS VARCHAR2(10))||', NAME:' || x(i).name;
  i =x."NEXT"(i);
END LOOP;
END;
```

【例 1-18】　多维索引表的遍历举例。

```
DECLARE
  TYPE v_arr_type IS TABLE OF VARCHAR(100) INDEX BY BINARY_INTEGER;
  TYPE v_arr2_type IS TABLE OF v_arr_type INDEX BY VARCHAR(100);
  x v_arr2_type;
  ind_i INT;
  ind_j VARCHAR(10);
BEGIN
  FOR i IN 1 ..100 LOOP
    FOR j IN 1 ..50 LOOP
      x(i)(j) :=CAST(i AS VARCHAR(100))||'+'||CAST(j AS VARCHAR(10));
    END LOOP;
```

```
         END LOOP;
         --遍历多维数组
         ind_i :=x."FIRST"();
         LOOP
           IF ind_i IS NULL THEN EXIT;
           END IF;
           ind_j :=x(ind_i)."FIRST"();
           LOOP
             IF ind_j IS NULL THEN EXIT;
             END IF;
             PRINT x(ind_i)(ind_j);
             ind_j :=x(ind_i)."NEXT"(ind_j);
           END LOOP;
           ind_i :=x."NEXT"(ind_i);
         END LOOP;
     END;
```

3. 嵌套表

嵌套表元素的下标从 1 开始，且元素个数没有限制。嵌套表语法如下：

```
TYPE 嵌套表名 IS TABLE OF 元素数据类型；
```

元素数据类型用来指明嵌套表元素的数据类型，当元素数据类型为一个定义了某个表字段的对象类型时，嵌套表就是某些行的集合，即实现了表的嵌套功能。

【例 1-19】 一个嵌套表的使用示例。

```
DECLARE
   TYPE job_table_type IS TABLE OF JOB%ROWTYPE;
```

```
    v_table job_table_type;
    v_count INTEGER;
BEGIN
    SELECT job_id,job_title,min_salary,max_salary BULK COLLECT INTO v_table
FROM job;
    v_count:=v_table.count;
END;
```

4. 集合的属性和方法

VARRAY 类型、索引表和嵌套表都是对象类型，它们本身有属性或者方法。集合类型支持的成员函数如下。

1) COUNT 属性

COUNT 是一个属性，它用于返回集合中的数组元素个数。

【例 1-20】 统计 3 种集合类型的元素个数。

```
DECLARE
    TYPE v_name_type IS TABLE OF VARCHAR2(20) INDEX BY BINARY_INTEGER;
    TYPE v_pwd_type   IS TABLE OF VARCHAR2(20);
    TYPE v_date_type IS VARRAY(10) OF VARCHAR2(20);
    v_name v_name_type;
    v_pwd v_pwd_type:=v_pwd_type('123456','111111','qwer','asdf');
    v_date v_date_type:=v_date_type('星期一','星期二');
BEGIN
    v_name(1):='Tom';
    v_name(-1):='Jack';
    v_name(4):='Rose';
    PRINT v_name.count;
```

```
    PRINT v_pwd.count;

    PRINT v_date.count;

END;
```

2) DELETE 方法

DELETE 方法用于删除集合中的一个或多个元素。需要注意的是,由于 DELETE 方法执行的删除操作的位置固定,因此对于可变数组,没有 DELETE 方法。DELETE 方法有 3 种方式。

(1) DELETE:不带参数的 DELETE 方法,将整个集合删除。

(2) DELETE(x):将集合表中第 x 个位置的元素删除。

(3) DELETE(x,y):将集合表中从第 x 个元素到第 y 个元素之间的所有元素删除。

注意:执行 DELETE 方法后,集合的 COUNT 值将会立刻变化;而且当要删除的元素不存在时,DELETE 方法也不会报错,而是跳过该元素,继续执行下一步操作。

3) EXISTS 属性

EXISTS 属性用于判断集合中的元素是否存在。语法格式如下:

```
    EXISTS(x);
```

即判断位于位置 x 的元素是否存在,如果存在则返回 TRUE;如果 x 大于集合的最大范围,则返回 FALSE。

注意:使用 EXISTS 属性时,只要指定位置处有元素即可,即使该处的元素为 NULL,EXISTS 也会返回 TRUE。

4) EXTEND 方法

EXTEND 方法用于将元素添加到集合的末端,具体形式有以下几种。

(1) EXTEND:不带参数的 EXTEND,将一个 NULL 元素添加到集合的末端。

(2) EXTEND(x):将 x 个 NULL 元素添加到集合的末端。

(3) EXTEND(x,y):将 x 个位于 y 的元素添加到集合的末端,也就是在集合末尾扩展 x 个与第 y 个值相同的元素。

说明:EXTEND 方法对内存索引表不适用。

5) FIRST 属性和 LAST 属性

FIRST 属性用于返回集合的第一个元素，LAST 属性用于返回集合的最后一个元素。

6) LIMIT 属性

LIMIT 属性用于返回集合中的最大元素个数。由于嵌套表没有上限，因此对嵌套表使用 LIMIT 属性时，总是返回 NULL。

7) NEXT 属性和 PRIOR 属性

它们用于返回指定位置之后或之前的元素。使用 NEXT 属性和 PRIOR 属性时，要有指定位置的参数。语法格式如下：

```
NEXT(x);
PRIOR(x);
```

其中，NEXT(x)用于返回 x 处的元素后面的那个元素；PRIOR(x)用于返回 x 处的元素前面的那个元素。

8) TRIM 方法

TRIM 方法用于删除集合末端的元素，其具体形式如下。

(1) TRIM：不带参数的 TRIM，从集合末端删除一个元素。

(2) TRIM(x)：从集合的末端删除 x 个元素，其中 x 要小于集合的 COUNT 数。

1.7　DM SQL 程序控制结构

根据结构化程序设计理论，任何程序都可由三种基本控制结构组成：分支结构、循环结构和顺序结构。DM SQL 程序也用相应的语句来支持这三种控制结构。

1.7.1　条件控制 IF 语句

IF 语句控制执行基于布尔条件的语句序列，以实现条件分支控制结构。

1. IF-THEN 形式

IF-THEN 是 IF 语句最简单的形式,将一个条件与一个语句序列相连。当条件为 TRUE 时,执行语句序列。

【例 1-21】 IF 语句举例。

```
IF X>Y THEN
   high:=X;
END IF;
```

2. IF-THEN-ELSE 形式

IF-THEN-ELSE 形式比简单 IF-THEN 形式增加了关键字 ELSE,后跟另一语句序列。形式如下:

```
IF 条件 THEN
   语句序列 1;
ELSE
   语句序列 2;
END IF;
```

ELSE 子句中的语句序列仅当条件计算为 FALSE 或 NULL 时执行。在 THEN 和 ELSE 子句中可包含 IF 语句,即 IF 语句可以嵌套。

3. IF-THEN-ELSEIF 形式

IF-THEN-ELSEIF 形式利用 ELSEIF 关键字引入附加条件。形式如下:

```
IF 条件 1 THEN
  语句序列 1;
ELSEIF|ELSIF 条件 2 THEN
  语句序列 2;
ELSE
  语句序列 3;
END IF;
```

当条件 1 计算为 FALSE 或 NULL,ELSEIF 子句条件 2 计算为 TRUE 时,则执行语句序列 2。IF 语句可以有任意数目的 ELSEIF 语句,而最后的 ELSE 子句是可选项。在此种情况下,每一个条件对应一个语句序列,条件由顶向底计算。任何一个条件计算为 TRUE 时,执行相对应的语句序列。如果所有条件计算为 FALSE 或 NULL,则执行 ELSE 子句中的语句序列。在 DM SQL 程序语句中 ELSEIF 子句关键字既可写作 ELSEIF,也可写作 ELSIF。

【例 1-22】　IF-THEN-ELSEIF 语句举例。

```
IF X>Y THEN
  high:=X;
ELSIF X=Y THEN
  b:=FALSE;
ELSE
  c:=NULL;
END IF;
```

其中,b 和 c 是布尔数据类型(BOOLEAN)。布尔数据类型用于存储 TRUE、FALSE 或 NULL(空值)。它没有参数,仅可将三种值赋给一个布尔变量,不能将 TRUE、FALSE 值插入数据库的列,也不能从数据库的列中选择或获取列值到布尔变量。

控制语句中支持的条件谓词有比较谓词、BETWEEN、IN、LIKE 和 IS NULL。下面以条件控制语句 IF 分别举例说明。

【例 1-23】 含 BETWEEN 谓词的条件表达式举例。

```
IF a BETWEEN - 5 AND 5 THEN
    PRINT 'TRUE';
ELSE
    PRINT 'FALSE';
END IF;
```

【例 1-24】 含 IN 谓词的条件表达式举例。

```
IF a IN (1,3,5,7,9) THEN PRINT 'TRUE';
ELSE
    PRINT 'FALSE';
END IF;
```

【例 1-25】 含 LIKE 谓词的条件表达式举例。

```
IF A LIKE '%DM%' THEN
    PRINT 'TRUE';
ELSE
    PRINT 'FALSE';
END IF;
```

【例 1-26】 含 IS NULL 谓词的条件表达式举例。

```
IF A IS NOT NULL THEN
    PRINT 'TRUE';
ELSE
    PRINT 'FALSE';
END IF;
```

1.7.2　循环语句

DM SQL 程序支持四种基本类型的循环语句,即 LOOP 语句、WHILE 语句、FOR 语句和 REPEAT 语句。LOOP 语句重复执行一系列语句,直到由 EXIT 语句终止循环为止;WHILE 语句循环检测一个条件表达式,当表达式的值为 TRUE 时就执行循环体内的语句;FOR 语句对一系列的语句重复执行指定次数的循环;REPEAT 语句重复执行一系列语句直至达到条件表达式的限制要求。

1. LOOP 语句

LOOP 语句实现对一系列语句的重复执行,是循环语句的最简单形式。它没有明显的终点,必须借助 EXIT 语句来跳出循环。LOOP 语句的语法如下:

```
LOOP
<执行部分>;
END LOOP
```

【例 1-27】 LOOP 语句用法举例。

```
DECLARE
  a INT;
BEGIN
  a:=10;
  LOOP
    IF a<=0 THEN
      EXIT;
    END IF;
    PRINT a;
    a:=a-1;
```

```
        END LOOP;
    END;
```

第 5 行到第 11 行是一个 LOOP 循环,每一次循环都打印参数 a 的值,并将 a 的值减 1,直到 a 等于 0。

2. WHILE 语句

WHILE 语句在每次循环开始以前,先计算条件表达式,若该条件表达式的值为 TRUE,则语句序列被执行一次,然后控制重新回到循环顶部。若条件表达式的值为 FALSE,则结束循环。当然,也可以通过 EXIT 语句来终止循环。WHILE 语句的语法如下:

```
WHILE <条件表达式>LOOP
    <执行部分>;
END LOOP
```

【例 1-28】 WHILE 语句用法举例。

```
DECLARE
    a  INT;
BEGIN
    a:=10;
    WHILE a>0 LOOP
        PRINT a;
        a:=a-1;
    END LOOP;
END;
```

这个例子的功能与例 1-29 的相同,只是使用了 WHILE 循环结构。

3. FOR 语句

FOR 语句执行时,首先检查下限表达式的值是否小于上限表达式的值,如果下限表达式的值大于上限表达式的值,则不执行循环体。否则,将下限表达式的值赋给循环计数器(当语句中使用了 REVERSE 关键字时,则把上限表达式的值赋给循环计数器);然后执行循环体内的语句序列;执行完后,循环计数器值加 1(如果使用了 REVERSE 关键字,则减 1);检查循环计数器的值,若其值仍在循环范围内,则继续执行循环体;如此循环,直到循环计数器的值超出循环范围。同样,也可以通过 EXIT 语句来终止循环。FOR 语句的语法如下:

```
FOR <循环计数器> IN [REVERSE] <下限表达式>..<上限表达式> LOOP
   <执行部分>;
END LOOP;
```

循环计数器是一个标识符,它类似一个变量,但是不能被赋值,且作用域限于 FOR 语句内部。下限表达式和上限表达式用来确定循环的范围,它们的类型必须和整型兼容。循环范围是在循环开始之前确定的,即使在循环过程中下限表达式或上限表达式的值发生了改变,也不会引起循环范围的变化。

【例 1-29】 FOR 语句用法举例。

```
DECLARE
  a   INT;
BEGIN
  a:=10;
  FOR i IN REVERSE 1 ..a LOOP
     PRINT i;
     a:=i-1;
  END LOOP;
END;
```

这个例子的功能也与例 1-29 的相同,只是使用了 FOR 循环结构。

FOR 语句中的循环计数器可与当前语句块内的参数或变量同名,这时该同名的参数或变量在 FOR 语句的范围内将被屏蔽。

【例 1-30】 FOR 语句中的循环计数器与当前语句块内的参数或变量同名举例。

```
DECLARE
   v1 DATE:=DATE '2000-01-01';
BEGIN
   FOR v1 IN 0 ..5 LOOP
     PRINT v1;
   END LOOP;
   PRINT v1;
END;
```

此例中,循环计数器 v1 与变量 v1 同名。在 FOR 语句内,PRINT 语句将 v1 当作循环计数器。而 FOR 语句外的 PRINT 语句则将 v1 当作 DATE 类型的变量。

4. REPEAT 语句

REPEAT 语句的作用是重复执行一条或多条语句。REPEAT 语句的语法如下:

```
REPEAT
  <执行部分>;
UNTIL <条件表达式>;
```

【例 1-31】 REPEAT 语句用法举例。

```
a :=0;
REPEAT
   a :=a+1;
UNTIL a>10;
```

1.7.3　CASE 语句

CASE 语句用于从一个序列条件中选择并执行相应的语句块,主要有简单形式和搜索形式。

1. 简单形式

将一个表达式与多个值进行比较,然后根据比较结果进行选择。这种形式的 CASE 语句会选择第一个满足条件的对应的语句来执行,剩下的则不会被计算,如果没有符合的条件,则执行 ELSE 语句块中的语句,但是如果 ELSE 语句块不存在,则不会执行任何语句。CASE 语句的简单形式的语法格式如下:

```
CASE <条件表达式>
  WHEN <条件 1>THEN <语句 1>;
  WHEN <条件 2>THEN <语句 2>;
  ...
  WHEN <条件 n>THEN <语句 n>;
  [ ELSE <语句>]
END CASE;
```

其中条件可以是立即数,也可以是一个表达式。

【例 1-32】 CASE 语句简单形式举例。

```
DECLARE
  i INT;
BEGIN
  i:=2;
  CASE  (i+1)
    WHEN 2 THEN PRINT 2;
    WHEN 3 THEN PRINT 3;
```

```
        WHEN 4 THEN PRINT 4;
        ELSE PRINT 5;
    END CASE;
END;
```

2. 搜索形式

对多个条件进行计算,选择执行第一个结果为真的条件子句,在第一个为真的条件后面的所有条件的语句都不会被执行。如果所有的条件都不为真,则执行 ELSE 语句,如果 ELSE 语句不存在,则不执行任何语句。CASE 语句的搜索形式的语法格式如下:

```
CASE
    WHEN <条件表达式>THEN <语句 1>;
    WHEN <条件表达式>THEN <语句 2>;
    ...
    WHEN <条件表达式>THEN <语句 n>;
    [ELSE <语句>]
END CASE;
```

【例 1-33】 CASE 语句搜索形式举例。

```
DECLARE
    i INT;
BEGIN
    i:=2;
    CASE
        WHEN i=2 THEN PRINT 2;
        WHEN i=3 THEN PRINT 3;
```

```
        WHEN i=4 THEN PRINT 4;
    END CASE;
  END;
```

CASE 语句有点类似于 C 语言中的 SWITCH 语句,它的执行体可以被一个 WHEN 条件包含起来,与 IF 语句相似。一个 CASE 语句是由 END CASE 来结束的。

1.7.4　其他控制语句

1. GOTO 语句

利用 GOTO 语句可以无条件地跳转到一个标号所在的位置,将控制权交给带有标号的语句或语句块。标号的定义在一个语句块中必须是唯一的。GOTO 语句的语法格式如下:

```
GOTO <标号名>
```

【例 1-34】　GOTO 语句举例。

```
BEGIN
...
  GOTO INSERT_ROW
...
<<INSERT_ROW>>
  INSERT INTO MP VALUES...
END;
```

为了保证使用 GOTO 语句时不会导致程序混乱,GOTO 语句的使用有下列限制。

（1）GOTO 语句不能跳入一个 IF 语句、循环语句或下层语句块中。

（2）GOTO 语句不能从一个异常处理器跳回当前块,但是可以跳转到包含当前块的上层语句块。

例 1-35、例 1-36、例 1-37 是一些非法的 GOTO 语句的例子。

【例 1-35】 GOTO 语句企图跳入一个 IF 语句举例。

```
BEGIN
  ...
  GOTO update_row; /*错误,企图跳入一个 IF 语句 */
  ...
  IF valid THEN
    ...
<<update_row>>UPDATE emp SET ...
    END IF;
END;
```

【例 1-36】 GOTO 语句企图从 IF 语句的一个子句跳入另一个子句举例。

```
BEGIN
  ...
  IF valid THEN
    ...
    GOTO update_row;     /*  错误,企图从 IF 语句的一个子句跳入另一个子句  */
  ELSE
    ...
<<update_row>>UPDATE emp SET ...
    END IF;
END;
```

【例 1-37】 GOTO 语句企图跳入一个下层语句块举例。

```
BEGIN
  ...
  IF status ='OBSOLETE' THEN
      GOTO delete_part;        /*错误,企图跳入一个下层语句块   */
  END IF;
  ..BEGIN
    ...
<<delete_part>>
      DELETE FROM parts WHERE ...
  END;
END;
```

2. NULL 语句

NULL 语句不执行什么,仅将控制传递给下一语句。使用它的目的是提高 DM SQL 程序的可读性。

【例 1-38】　NULL 语句举例。

```
IF score =100 THEN
  PRINT 'YOU ARE WONDERFUL! ';
ELSE
  NULL;
END IF;
```

3. CONTINUE 语句

CONTINUE 语句的作用是无条件地退出当前循环迭代,并且将语句控制转移到这次循环的下一次迭代或者一个指定标签的循环的开始位置并继续执行。

CONTINUE WHEN 语句的作用是当 WHEN 后面的条件满足时才将语句控制

转移到这次循环的下一次迭代或者一个指定标签的循环的开始位置并继续执行。当每次循环到达 EXIT WHEN 时,都会对 WHEN 的条件进行计算。如果条件为 FALSE,则 EXIT WHEN 对应的语句不会被执行。为了防止出现死循环,可以将 WHEN 条件设置为一个肯定可以为 TRUE 的表达式。CONTINUE 语句的语法格式如下:

```
CONTINUE [[标签] WHEN <条件表达式>];
```

1.8 异 常 处 理

DM SQL 程序在执行中,因为各种问题,语句可能不能正常执行而出现错误或整个系统的崩溃,所以应该采取必要的措施来防止这种情况的发生。

在 DM SQL 程序中出现的警告或错误称为异常,对异常的处理称为异常处理。虽然在 DM SQL 程序设计中,异常处理不是必需的,但建议在 DM SQL 程序设计中对可能出现的异常进行指定和处理。最好对明显可能出现的错误加以描述并处理,这样在 DM SQL 程序执行过程中无论何时发生错误,自动地转向执行异常部分。否则,如果程序在运行时出现错误,程序就会自动终止。而且许多被终止的 DM SQL 程序是不容易被用户发现的。

在出现错误时,程序正常执行将停止,程序控制转移到异常处理部分。

【例 1-39】 异常举例。

```
DECLARE
  v_employee_name  VARCHAR2(20);
BEGIN
  SELECT employee_name  INTO  v_employee_name FROM employee WHERE
department_id=104;
  PRINT 'department_id是 104 的所属员工:'||v_employee_name;
END;
```

由于 SELECT INTO 语句每次只能获取一行数据,因此运行时会出现错误,程序异常中止。如果有异常处理程序,程序就不会异常中止。正确的程序如下:

```
DECLARE
  v_employee_name VARCHAR2(20);
BEGIN
  SELECT employee_name INTO v_employee_name FROM employee WHERE department_
id=104;
  EXCEPTION
    WHEN TOO_MANY_ROWS THEN
    PRINT  '返回多行数据,建议采用游标。';
END;
```

异常包括预定义异常和用户自定义异常,预定义异常是达梦数据库系统已定义的异常,可以在程序中直接使用,不必在定义部分声明,常用的预定义异常如表 1-8 所示。用户自定义异常在定义部分声明后才能在执行部分使用。用户自定义异常不一定是达梦数据库错误,也可以是其他的错误,比如数据错误。

表 1-8　常用的预定义异常

异 常 名 称	SQLCODE	说　　明
EC_TOO_MANY_ROWS	−3034	SELECT INTO 语句中包含多行数据
EC_NO_DATA_FOUND	−7065	数据未找到
EC_RN_VIOLATE_UNIQUE_CONSTRAINT	−6602	违反唯一性约束
EC_INVALID_OP_IN_CURSOR	−4535	无效的游标操作
EC_DATA_DIV_ZERO	−6103	除 0 错误

1.8.1　异常处理语法

异常一般在 DM SQL 程序执行错误时由服务器抛出,也可以在 DM SQL 程序块中由程序员在一定的条件下显式抛出。无论是哪种形式的异常,都可以在 DM SQL

程序块的异常处理部分编写一段程序进行处理,如果不做任何处理,异常将被传递到调用者,由调用者统一处理。如果要在 DM SQL 程序块中对异常进行处理,就需要在异常处理部分编写处理程序。异常处理程序的格式如下:

```
EXCEPTION
  WHEN exception1 [OR exception2 ...] THEN
      statement1;
      statement2;
...
  [WHEN exception3 [OR exception4 ...] THEN
      statement1;
      statement2;
...]
  [WHEN OTHERS THEN
      statement1;
      statement2;
...]
```

异常处理程序以关键字 EXCEPTION 开始。在这部分可以对多个异常分别进行不同的处理,也可以进行相同的处理。如果没有列出所有的异常,则可以用关键字 OTHERS 代替其他的异常,在异常处理程序的最后加上一条 WHEN OTHERS 子句,用来处理前面没有列出的所有异常。

【例 1-40】 异常处理举例。

```
DECLARE
  tempvar CHAR(3);
BEGIN
  tempvar:='1234' ;
EXCEPTION
    WHEN value_error THEN
```

```
        print '所定义变量长度不够';
    END;
```

如果 DM SQL 程序块执行出错,或者遇到显式抛出异常的语句,则程序立即停止执行,转去执行异常处理程序。异常处理结束后,整个 DM SQL 程序块的执行便结束。所以一旦发生异常,则在 DM SQL 程序块的可执行部分中,从发生异常的地方开始,以后的代码将不再被执行。

1.8.2 用户自定义异常

除了达梦数据库的预定义异常外,在 DM SQL 程序中用户还可以自定义异常。程序员可以把一些特定的状态定义为异常,在一定的条件下抛出,然后利用 DM SQL 程序的异常机制进行处理。用户自定义异常流程如图 1-1 所示。

图 1-1 用户自定义异常流程

创建自定义异常的方法为:在程序块的说明部分定义一个异常变量,并将该异常变量与用户要处理的达梦数据库错误号绑定。DM 8 支持两种自定义异常变量的方法。

1. 使用 EXCEPTION FOR 定义异常

使用 EXCEPTION FOR 定义异常可以将异常变量与错误号绑定,其语法格式如下:

```
异常名称 EXCEPTION［FOR 自定义的错误号］
```

其中,FOR 子句用来为异常变量绑定错误号(SQLCODE 值)及错误描述串。错误号必须是－30000～－20000 的负数值,错误描述串则为字符串类型。如果未显式指定错误号,则系统运行时在－15000～－10001 区间内顺序为其绑定错误号。

2. 使用 EXCEPTION_INIT 定义异常

使用 EXCEPTION_INIT 定义异常可以将一个特定的错误号与程序中所声明的异常标识符关联起来,其语法格式如下:

```
<异常变量名>EXCEPTION;
PRAGMA EXCEPTION_INIT(<异常变量名>,<错误号>);
```

EXCEPTION_INIT 将异常名与达梦数据库错误号结合起来,这样可以通过名称引用任意的内部异常,并且可以通过名称为异常编写适当的异常处理程序。如果希望使用 RAISE 语句抛出一个用户自定义异常,则与异常关联的错误号必须是－30000～－20000 的负数值。

异常变量类似于一般的变量,必须在块的说明部分说明,与块有同样的生存期和作用域。但是异常变量不能作为参数传递,也不能被赋值。需要注意的是,与异常变量绑定的错误号不一定是达梦数据库返回的系统错误,但是该错误号必须是一个负整数。自定义异常使得用户可以把违背事务规则的行为也作为异常来看待。

3. 异常抛出

1) 有异常变量

在存储过程的执行中如果发生错误,系统将自动抛出一个异常。此外,可以用 RAISE 语句抛出异常。例如,当操作合法,但是违背了事务规则时,一旦异常被抛出,程序执行就被传递给程序块的异常处理部分。RAISE 语句的语法如下:

```
RAISE  <异常名>
```

其中,<异常名>可以是系统预定义异常,也可以是用户自定义异常。

2）无异常变量

在上述方法中已经定义了异常变量。如果还没有定义异常变量，可以用 RAISE_APPLICATION_ERROR 直接抛出错误信息。错误号和错误信息可以像其他错误号和错误信息一样被捕获到。语法如下：

```
RAISE_APPLICATION_ERROR ( ERR_CODE IN INT, ERR_MSG IN INT);
```

其中：

① ERR_CODE 指错误号。取值范围为 $-30000 \sim -20000$。

② ERR_MSG 指用户自定义的错误信息。字符串长度不超过 2000 字节。

【例 1-41】 异常抛出举例。

```
DECLARE
  invalid_employee_id EXCEPTION;
  v_employee_id INTEGER:='1006';
  v_employee_name VARCHAR2(20):='张四';
BEGIN
  UPDATE employee SET employee_name = v_employee_name WHERE employee_id=v_
employee_id;
  IF SQL%NOTFOUND THEN
    RAISE invalid_employee_id;
  END IF;
  COMMIT;
  EXCEPTION
    WHEN invalid_employee_id  THEN
      PRINT '没有该编码的员工.';
END;
```

1.8.3 异常处理函数

内置函数 SQLCODE 和 SQLERRM 用于异常处理部分，分别用来返回错误号和

错误信息。SQLCODE 返回的是负数,对于 SQLERRM,如果找到对应系统错误号描述,则返回相应描述,否则:

(1) 如果 ERROR _ NUMBER 在 - 19999 ~ - 15000,返回' User-Defined Exception '。

(2) 如果在-30000~-20000,返回'DM-〈ERROR_NUMBER 绝对值〉'。

(3) 若大于 0 或小于-65535,返回'-〈ERROR_ NUMBER 绝对值〉:non-DM exception '。

(4) 否则,返回' DM-〈ERROR _ NUMBER 绝对值〉:Message 〈ERROR_ NUMBER 绝对值〉not found;'。

另外,SQLERRM 也可以带参数。带参数的 SQLERRM 用法如下:

```
VARCHAR SQLERRM(ERROR_NUMBER INT(4))
```

SQLERRM 返回错误号对应的错误信息描述。该函数不能直接用于 SQL 语句中,需要将 SQLERRM 的值赋给本地变量。

其中,ERROR_NUMBER 为错误号。

【例 1-42】 异常处理函数应用举例。

```
DECLARE
    invalid_employee_id EXCEPTION;
    v_employee_id INTEGER:='1006';
    v_employee_name VARCHAR2(20):='张四';
    error_code NUMBER;
    error_message VARCHAR2(255);
BEGIN
    UPDATE employee SET employee_name =v_employee_name
    WHERE  employee_id=v_employee_id;
    IF SQL%NOTFOUND THEN
        RAISE invalid_employee_id;
    END IF;
    COMMIT;
```

```
        EXCEPTION
          WHEN invalid_employee_id  THEN
               PRINT '没有该编码的员工.';
               error_code:=SQLCODE;
               error_message:=SQLERRM;
               PRINT error_code;
               PRINT error_message;
        END;
```

【例 1-43】　除零错误异常。

```
        DECLARE
            a INTEGER:=1;
        BEGIN
            a:=a/0; /*除零错误 */
            EXCEPTION
              WHEN ZERO_DIVIDE THEN
                   PRINT  TO_CHAR(SQLCODE)|| SQLERRM;
        END;
```

1.9　游　　标

通过 SELECT INTO 语句来获取数据库中表格的数据,但每次只能获取一行数据,不能同时获取多行数据。在复杂的应用中,需要对数据库中表格的数据逐条进行处理,因此就需要有一种机制来解决这个问题。解决的办法是采用游标。

DM SQL 程序通过游标提供了对一个结果集进行逐行处理的能力。游标实际上是一个指针,它与某个查询结果相联系,指向结果集的任意记录,以便对指定位置的数据进行处理。

使用游标必须先定义,定义游标实际上是定义一个游标工作区,并给该工作区分配一个指定名称的指针（游标）。在打开游标时,就可从指定的基表中取出所有满足查询条件的行送入游标工作区并根据需要分组排序,同时将游标置于第一行的前面以读出该工作区中的数据。当对行集合的操作结束后,应关闭游标,释放与游标有关的资源。

DM SQL 程序提供了四条有关游标的语句:定义游标语句、打开游标语句、获取数据语句和关闭游标语句。游标的控制步骤包括:①定义游标;②打开游标;③循环读取数据,游标指针前移;④测试游标数据是否读取完毕,如果没有,继续读取数据;⑤关闭游标。游标控制流程如图 1-2 所示。

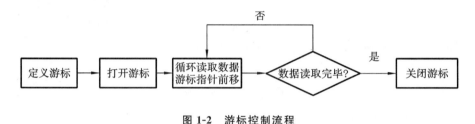

图 1-2 游标控制流程

1.9.1 游标控制

1. 定义游标

定义一个游标,给它定义一个名称和与之相联系的 SELECT 语句。语法格式如下:

```
CURSOR 游标名［(参数 1 数据类型[,参数 2 数据类型]...)]
    ［RETURN   返回数据类型］  [FAST|NO FAST]   IS SELECT 语句;
```

其中:FAST 属性指定游标是否为快速游标。默认为 NO FAST,对应普通游标。若定义游标时设置为 FAST 属性,将游标定义为快速游标,则该游标在执行过程中会提前返回结果集,速度提升明显,但是存在以下的使用约束:

（1）在使用快速游标的 PLSQL 语句块中不能修改快速游标所涉及的表。

（2）游标上不能创建引用游标。

（3）不支持动态游标。

（4）不支持游标更新和删除。

（5）不支持游标下移一行(next)以外的数据读取方式。

【例 1-44】 不带参数游标定义举例。

```
DECLARE
  CURSOR emp_cursor IS
  SELECT   employee_id, employee_name, email, salary FROM employee WHERE
department_id=101;
```

该语句定义了名称为 emp_cursor 的不带参数游标，该游标要从表 employee 中查出部门编码 department_id 为 101 的员工的编码、姓名、电子邮箱、薪资。

【例 1-45】 带参数游标定义举例。

```
DECLARE
  CURSOR emp_cursor(v_depart_id INT) IS
  SELECT employee_id,employee_name,email,salary FROM employee
  WHERE department_id=v_depart_id;
```

该语句定义了名称为 emp_cursor 的带参数游标，参数是 v_depart_id，该游标要从表 employee 中查出部门编码 department_id 为参数值 v_depart_id 的员工的编码、姓名、电子邮箱、薪资。

2. 打开游标

打开游标的作用是为达梦数据库服务器分配内存空间，解析和执行 SQL 语句，指针指向第一行。语法格式如下：

```
OEPN 游标名[(参数值 1[,参数值 2]...)]
```

【例1-46】 打开不带参数游标举例。

```
DECLARE
  CURSOR emp_cursor IS
  SELECT employee _ id, employee _ name, email, salary FROM employee WHERE
department_id=101;
  BEGIN
    OPEN emp_cursor;
  END;
END;
```

【例1-47】 打开带参数游标举例。

```
DECLARE
  CURSOR emp_cursor(v_depart_id INT) IS
  SELECT   employee_id,employee_name,email,salary FROM employee
  WHERE department_id=v_depart_id;
BEGIN
  OPEN emp_cursor(101);
END;
```

3. 循环读取数据

游标打开后,就可以用 FETCH 语句获取数据到变量中,同时将指针向前移动一行。

注意:读取数据的变量的数量和类型必须与定义游标时 SELECT 语句选择的字段一致。语法格式如下:

```
FETCH [[NEXT|PRIOR|FIRST|LAST|ABSOLUTE n|RELATIVE n][FROM]] <游标名>[INTO
<赋值对象>{,<赋值对象>}];
```

语法说明如下。

(1) NEXT:游标后移一行。

(2) PRIOR:游标前移一行。

(3) FIRST:游标移动到第一行。

(4) LAST:游标移动到最后一行。

(5) ABSOLUTE n:游标移动到第 n 行。

(6) RELATIVE n:游标移动到当前指示行后的第 n 行。

(7)〈游标名〉指明被读取数据游标的名称。

【例 1-48】　游标读取数据举例。

```
DECLARE
    CURSOR emp_cursor(v_depart_id INT) IS
    SELECT employee_id,employee_name,email,salary FROM employee
    WHERE department_id=v_depart_id;
    v_id employee.employee_id%TYPE;
    v_name employee.employee_name%TYPE;
    v_email employee.email%TYPE;
    v_salary employee.salary%TYPE;
BEGIN
    OPEN emp_cursor(101);
    FETCH emp_cursor INTO v_id,v_name,v_email,v_salary;
    PRINT v_id;
    PRINT v_name;
    PRINT v_email;
    PRINT v_salary;
END;
```

为了逐行读取数据,需要采用游标循环。游标循环有三种方式:LOOP…END LOOP、WHILE…LOOP 和游标 FOR 循环。

1) LOOP…END LOOP 循环

【例 1-49】 LOOP…END LOOP 循环读取数据举例[①]。

```
DECLARE
    CURSOR emp_cursor(v_depart_id INT) IS
    SELECT employee_id,employee_name,email,salary FROM employee
    WHERE department_id=v_depart_id;
    v_id employee.employee_id%TYPE;
    v_name employee.employee_name%TYPE;
    v_email employee.email%TYPE;
    v_salary employee.salary%TYPE;
BEGIN
    OPEN emp_cursor (101);
    LOOP
        FETCH emp_cursor INTO v_id,v_name,v_email,v_salary;
        EXIT WHEN emp_cursor%NOTFOUND;
        PRINT v_id||','||v_name||','||v_email||','||v_salary;
    END LOOP;
END;
```

2) WHILE…LOOP 循环

【例 1-50】 WHILE…LOOP 循环读取数据举例。

```
DECLARE
    CURSOR emp_cursor(v_depart_id INT) IS
    SELECT employee_id,employee_name,email,salary FROM employee
```

---

① 如没有显示列表结果,请将达梦数据库管理器中主菜单"窗口|选项|查询分析器|消息区|显示最大字符数"设置为 100000。

```
        WHERE department_id=v_depart_id;
    v_id employee.employee_id%TYPE;
    v_name employee.employee_name%TYPE;
    v_email employee.email%TYPE;
    v_salary employee.salary%TYPE;
BEGIN
    OPEN emp_cursor (101);
    FETCH emp_cursor INTO v_id,v_name,v_email,v_salary;
    WHILE emp_cursor%FOUND
    LOOP
        PRINT v_id||','||v_name||','||v_email||','||v_salary;
        FETCH emp_cursor INTO v_id,v_name,v_email,v_salary;
    END LOOP;
    CLOSE emp_cursor;
END;
```

3）FOR 循环

FOR 循环是一种简化的游标循环方法。它自动打开、关闭游标,提取数据,推进指针。语法格式如下：

```
FOR 记录名 IN 游标名 LOOP
    statement1;
    statement2;
    ...
END LOOP;
```

【例 1-51】 FOR 循环读取数据举例。

```
DECLARE
    CURSOR emp_cursor(v_depart_id INT) IS
```

```
    SELECT * FROM employee WHERE department_id=v_depart_id;
BEGIN
  FOR v_emp_rec IN emp_cursor(101) LOOP
    PRINT v_emp_rec.employee_id ||','||v_emp_rec.employee_name;
  END LOOP;
END;
```

4. 关闭游标

游标使用完以后,要及时关闭,从内存释放活动集。关闭游标使用 CLOSE 语句。语法格式如下:

```
CLOSE 游标名;
```

如例 1-50 中关闭游标的语法如下:

```
CLOSE emp_cursor;
```

5. 游标属性

利用游标的属性可以得到游标执行的相关信息。游标的属性如表 1-9 所示。

表 1-9　游标的属性

属　　性	类　　型	说　　明
%ISOPEN	BOOLEAN	用于判断游标是否打开,如果游标打开则返回 TRUE
%NOTFOUND	BOOLEAN	用于判断游标是否存在数据,如果游标按照条件没有查询出数据,则返回 TRUE

属　　性	类　　型	说　　明
%FOUND	BOOLEAN	用于判断游标是否存在数据,如果游标按照条件查询出数据,则返回 TRUE
%ROWCOUNT	BOOLEAN	用来计算从游标取回的数据的行数

1.9.2　游标变量

前面介绍的游标是静态游标,也就是游标与一个 SQL 语句关联,并且 SQL 语句在编译时已经确定,因此,显得不够灵活。游标变量是一个引用类型的变量,可以在运行时指定不同的查询,与 C 语言或 PASCAL 语言中的指针类似。游标变量的打开、读取数据、关闭与游标类似。

1. 定义游标变量

定义游标变量的语法格式如下:

```
TYPE 游标变量类型 IS REF CURSOR　〔RETURN　返回类型〕;
游标变量名 游标变量类型
```

其中,游标变量类型是在游标变量中使用的类型;返回类型使用 DM SQL 数据类型,表示游标变量类型的返回类型。

【例 1-52】　游标变量定义举例。

```
DECLARE
    TYPE emp_cursor_type IS REF CURSOR RETURN employee% ROWTYPE;
    emp_cursor emp_cursor_type;
```

2. 打开游标变量

使用游标变量的步骤是 OPEN→FETCH→CLOSE。首先,使用 OPEN 打开游标变量;然后使用 FETCH 从结果集中读取行;在所有的行都处理完毕后,使用 CLOSE 关闭游标。打开游标变量的语法格式如下:

```
OPEN 游标变量名 FOR SELECT 语句
```

游标变量同样可以用游标属性％FOUND、％ISOPEN 和％ROWCOUNT。在使用过程中,其他的 OPEN 语句可以为不同的查询打开相同的游标变量。在重新打开之前,不要关闭该游标变量。

【例 1-53】 打开游标变量举例。

```
BEGIN
  IF your_choice = 1 THEN
    OPEN emp_cursor FOR SELECT * FROM employee
  ELSIF   your_choice = 2 THEN
    OPEN emp_cursor FOR SELECT * FROM employee WHERE department_id=1001;
  ELSIF your_choice = 3 THEN ...
```

1.9.3 游标更新数据、删除数据

在嵌入方式或过程中,可以通过游标对基表进行修改和删除。但这些操作要求该游标必须是可更新的。可更新游标的条件是游标定义中给出的查询说明必须是可更新的。达梦数据库系统对可更新的查询说明规定如下:

(1) 查询说明的 FROM 后只带一个表名,且该表必须是基表或者可更新视图。

(2) 查询说明是单个基表或单个可更新视图的行列子集,SELECT 后的每个值表达式只能是单纯的列名,如果基表上有聚集索引键,则必须包含所有聚集索引键。

(3) 查询说明不能带 GROUP BY 子句、HAVING 子句、ORDER BY 子句。

（4）查询说明不能嵌套子查询。

不满足以上条件的游标是不可更新的，其实，可更新游标的条件与可更新视图的条件是一致的。

1. 游标定位删除语句

达梦数据库系统除了提供一般的数据删除语句外，还提供了游标定位删除语句。语法格式如下：

```
DELETE FROM <表引用>[WHERE CURRENT OF <游标名>];
```

使用说明：

（1）语句中的游标在程序中已被定义并打开。

（2）指定的游标应是可更新的。

（3）该表应是游标定义中第一个 FROM 子句中所标识的表。

（4）游标结果集必须确定，否则 WHERE CURRENT OF〈游标名〉无法定位。

【例 1-54】 游标定位删除语句举例。

```
DECLARE
  CURSOR emp_cursor IS
  SELECT * FROM employee WHERE department_id=101 FOR UPDATE;
BEGIN
  OPEN emp_cursor;
  FETCH ABSOLUTE 2 emp_cursor;
  DELETE FROM employee WHERE CURRENT OF emp_cursor;
END;
```

游标打开后，指针指在游标的第一行的前面，执行 FETCH 语句后，游标下移两行，再执行 DELETE 语句，删除指针所指的第二行，游标顺序下移。

2. 游标定位修改语句

达梦数据库系统除了提供一般的数据修改语句外，还提供了游标定位修改语句。语法格式如下：

```
UPDATE <表引用>
SET <列名>=<值表达式>{,<列名>=<值表达式>}
[WHERE CURRENT OF <游标名>];
```

使用说明：

（1）语句中的游标在程序中已被定义并打开。

（2）指定的游标应是可更新的。

（3）该表应是游标定义中第一个 FROM 子句中所标识的表，所指的〈列名〉必须是表中的一个列，且不应在语句中多次出现。

（4）语句中的值表达式不应包含集函数说明。

（5）如果指定的表是可更新视图，其视图定义中使用了 WITH CHECK OPTION 子句，则该语句所给定的列值不应产生使视图定义中 WHERE 条件为假的行。

（6）游标结果集必须确定，否则 WHERE CURRENT OF〈游标名〉无法定位。

【例 1-55】 游标定位修改语句举例。

```
DECLARE
  CURSOR emp_cursor IS
  SELECT * FROM employee WHERE department_id=101 FOR UPDATE;
BEGIN
  OPEN emp_cursor;
  FETCH ABSOLUTE 2 emp_cursor;
  UPDATE employee SET salary=8888 WHERE CURRENT OF emp_cursor;
END;
```

任务 2　DM SQL 程序设计

2.1　任务说明

在达梦数据库中,可以定义存储过程、存储函数、触发器和包,它们与表和视图等数据库对象一样被存储在数据库中,可以在不同用户和应用程序之间共享。本章介绍存储过程、存储函数、触发器程序设计及应用方法。通过本章的学习,读者可以完成业务层面复杂逻辑的业务处理。

2.2　存储过程

在达梦数据库中可以定义子程序,这种程序块称为存储过程或存储函数。创建存储过程或存储函数的好处如下:

(1)提供更高的编程效率。在设计应用时,围绕存储过程/函数来设计应用,可以避免重复编码;在自顶向下设计应用时,不必关心实现的细节;从 DM 8 开始,DM SQL 程序支持全部 C 语言语法,因此在用户对自定义的 DM SQL 程序语法不熟悉的情况下也可以对数据库进行各种操作,从而可以使对数据库的操作更加灵活,也更加容易。

(2)便于维护。用户的存储过程在数据库中集中存放,用户可以随时对其进行查询、删除,而应用程序可以不进行任何修改,或只做少量调整。存储过程能被其他的 DM SQL 程序或 SQL 命令调用,任何客户/服务器工具都能访问 DM SQL 程序,具有很好的可重用性。

(3)提供更好的性能。存储过程在创建时被编译成伪码序列,在运行时不需要重新进行编译和优化处理,具有更快的执行速度,可以同时被多个用户调用,并能够减少操作错误。使用存储过程可减少应用对达梦数据库的调用,降低系统资源浪费,显著提高性能,对于在网络上与达梦数据库通信的应用,这尤其显著。

(4)安全性高。存储过程在执行时数据对用户是不可见的,提高了数据库的安全性。可以使用达梦数据库的管理工具管理存储在服务器中的存储过程的安全性,也可以授权或撤销数据库其他用户访问存储过程的权限。

2.2.1 存储过程的定义和调用

1. 存储过程定义

定义一个存储过程语句的语法格式如下:

```
CREATE [OR REPLACE] PROCEDURE <模式名.存储过程名>[WITH ENCRYPTION]
[(<参数名><参数模式><参数数据类型>[<默认值表达式>]
{,<参数名><参数模式><参数数据类型>[<默认值表达式>] })]
AS | IS
    [<说明语句端段>]
BEGIN
<执行语句段>
    [EXCEPTION
<异常处理语句段>]
END;
```

语法说明如下。

(1)〈模式名.存储过程名〉:指明被创建的存储过程的名称。

(2)〈参数名〉:指明存储过程参数的名称。

(3)WITH ENCRYPTION:可选项,如果指定 WITH ENCRYPTION 选项,则

对 BEGIN 与 END 之间的语句块进行加密,防止非法用户查看其具体内容,加密后的存储过程的定义可在 SYS. SYSTEXTS 系统表中查询。

(4)〈参数模式〉:指明存储过程参数的输入/输出方式。参数模式可设置为 IN、OUT 或 IN OUT(OUT IN),默认为 IN 类,IN 表示向存储过程传递参数,OUT 表示从存储过程返回参数。而 IN OUT 表示传递参数和返回参数。

(5)〈参数数据类型〉:指明存储过程参数的数据类型。

(6)〈说明语句端段〉:由变量、游标和子程序等对象的声明构成。

(7)〈执行语句段〉:由 SQL 语句和过程控制语句构成的执行代码。

(8)〈异常处理语句段〉:各种异常的处理程序,存储过程执行异常时调用,可默认。

注意:使用该语句的用户必须是数据库管理员(DBA)或该存储过程的拥有者且具有 CREATE PROCEDURE 数据库权限的用户;参数数据类型只能指定变量类型,不能指定长度。

【例 2-1】　创建一个简单的带参数的存储过程 PROC_1。

```
CREATE OR REPLACE PROCEDURE PROC_1(a IN OUT INT)   AS
    b   INT;
BEGIN
  a:=a+b;
    EXCEPTION
      WHEN OTHERS THEN NULL;
END;
```

在此例中第 2 行是该存储过程的说明部分,这里声明了一个变量 b。第 4 行是该程序块的执行语句码段,这里将 a 与 b 的和赋给参数 a。如果发生了异常,第 5 行开始的异常处理部分就对产生的异常情况进行处理,WHEN OTHERS 异常处理器处理所有不被其他异常处理器处理的异常。

2. 存储过程的调用

存储过程可以被其他存储过程或应用程序调用。同样,存储过程也可以调用其他

存储过程。调用存储过程时,应给存储过程提供输入参数值,并获取存储过程的输出参数值。调用存储过程的语法格式如下:

```
[CALL][<模式名>.]<存储过程名>[(<参数值1>{, <参数值2>})];
```

语法说明如下。

(1)〈模式名〉:指明被调用存储过程所属的模式。

(2)〈存储过程名〉:指明被调用存储过程的名称。

(3)〈参数值〉:指明提供给存储过程的参数。

使用说明如下:

(1) 如果被调用的存储过程不属于当前模式,则必须在语句中指明存储过程的模式名。

(2) 参数的个数和类型必须与被调用的存储过程一致。

(3) 存储过程的输入参数可以是嵌入式变量,也可以是值表达式;存储过程的输出参数必须是可赋值对象,如嵌入式变量。

(4) 执行该操作的用户必须拥有该存储过程的 EXECUTE 权限。存储过程的所有者和 DBA 用户隐式具有该过程的 EXECUTE 权限,该权限也可通过授权语句显式授予其他用户。所有用户都可调用自己创建的存储过程,如果要调用其他用户的存储过程,则需要拥有该存储过程的 EXECUTE 权限,即存储过程的所有者将 EXECUTE 权限授予给该用户。授予 EXECUTE 权限的语法如下:

```
GRANT EXECUTE ON 过程名 TO 用户;
```

【例 2-2】 存储过程的调用。以用户 SYSDBA 的身份创建存储过程 p1。

```
CREATE OR REPLACE PROCEDURE p1(a IN OUT INT) AS
    v1 INT:=a;
BEGIN
    a:=0;
    FOR b IN 1 ..y1 LOOP
```

```
        a:=a+b;
    END LOOP;
END;
```

在存储过程 p2 中调用存储过程 p1。

```
CREATE OR REPLACE PROCEDURE p2(a IN INT) AS
   v1 INT:=a;
BEGIN
   p1(v1);
   PRINT v1;
END;
```

【例 2-3】　按参数名调用存储过程。创建存储过程 p1。

```
CREATE OR REPLACE PROCEDURE p1(a INT, b IN OUT INT) AS
     v1 INT:=a;
BEGIN
   b:=0;
   FOR c IN 1 ..v1 LOOP
     b:=b+c;
   END LOOP;
END;
```

在存储过程 p2 中以参数名方式调用过程 p1。

```
CREATE OR REPLACE PROCEDURE p2(a IN INT) AS
   v1 INT:=a;
   v2 INT;
BEGIN
```

```
    p1(b=v2, a=v1);
    PRINT v2;
END;
```

2.2.2　存储过程应用实例

【例 2-4】　设计一个不带参数的存储过程 p_salarysum_bycityname,统计公司在各大城市的员工工资之和,并显示各城市名称和工资总数[1]。参考代码如下。

```
CREATE OR REPLACE  PROCEDURE  p_salarysum_bycityname AS
  CURSOR city_cursor IS
    SELECT region_id,city_id,city_name FROM city ORDER BY  region_id;
  v_salarysum NUMBER(10,2);
BEGIN
  FOR city_rec IN city_cursor LOOP
    SELECT SUM(a.salary) INTO v_salarysum
      FROM employee a
    WHERE a.department_id IN
        (SELECT department_id FROM DEPARTMENT WHERE location_id=city_rec.
region_id);
    PRINT city_rec.city_name||','||v_salarysum;
  END LOOP;
END;
```

创建和调用存储过程可以使用 disql 命令行工具,也可以使用 DM 管理工具图形化界面。

(1)使用 disql 命令行工具创建和调用存储过程。

---

　　① 　如没有显示列表结果,请将达梦数据库管理器中主菜单"窗口|选项|查询分析器|消息区|显示最大字符数"设置为 100000。

图 2-1 所示为使用 disql 命令行工具创建存储过程(使用 disql 命令行工具前需登录数据库,若 disql 命令行工具无法执行,则需将 DM 安装目录的 bin 目录添加至 PATH 环境变量中)。

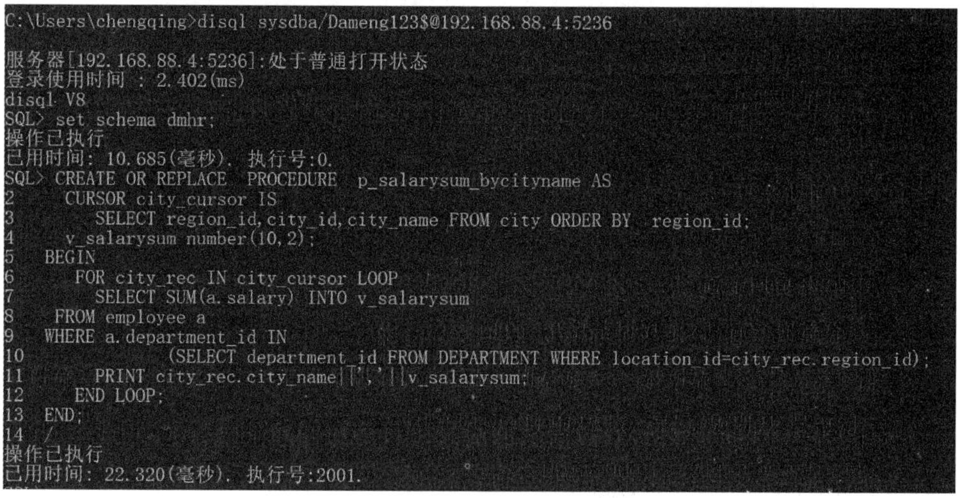

图 2-1　使用 disql 命令行工具创建存储过程

使用 disql 命令行工具调用存储过程时需注意如果存储过程有输出信息,则需要执行如下命令将输出打开:

```
set serveroutput on
```

再执行如下命令调用存储过程,此时可以显示存储过程的输出信息,如图 2-2 所示。

```
call p_salarysum_bycityname;
```

(2)使用 DM 管理工具图形化界面创建和调用存储过程。

直接将创建存储过程的 SQL 代码放在 DM 管理工具的查询窗口执行即可创建存储过程,也可以在 DM 管理工具界面左侧"对象导航"窗口的对应模式(这里选择 DMHR 模式)下选择"存储过程"页签,右击选择"新建存储过程",打开新建存储过程页面来创建存储过程。如图 2-3 所示,填写存储过程名,添加参数信息(如果没有参数则可以不定义)及存储过程执行内容,注意区分图形化界面存储过程和参数名称大小

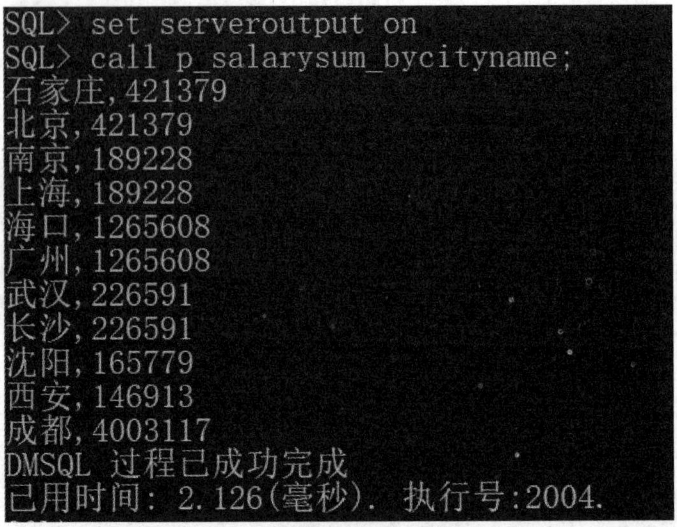
SQL> set serveroutput on
SQL> call p_salarysum_bycityname;
石家庄,421379
北京,421379
南京,189228
上海,189228
海口,1265608
广州,1265608
武汉,226591
长沙,226591
沈阳,165779
西安,146913
成都,4003117
DMSQL 过程已成功完成
已用时间: 2.126(毫秒). 执行号:2004.

图 2-2　使用 disql 命令行工具调用存储过程

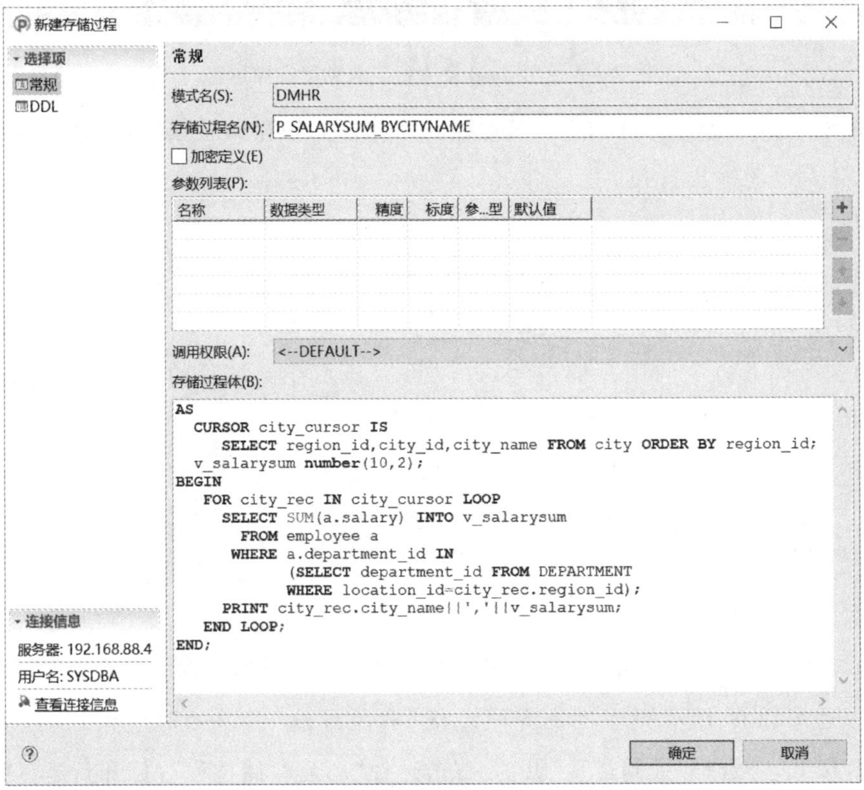
新建存储过程
选择项
常规
DDL
常规
模式名(S):
DMHR
存储过程名(N):
P_SALARYSUM_BYCITYNAME
加密定义(E)
参数列表(P):
名称
数据类型
精度
标度
参...型
默认值
调用权限(A):
<--DEFAULT-->
存储过程体(B):
AS
CURSOR city_cursor IS
SELECT region_id,city_id,city_name FROM city ORDER BY region_id;
v_salarysum number(10,2);
BEGIN
FOR city_rec IN city_cursor LOOP
SELECT SUM(a.salary) INTO v_salarysum
FROM employee a
WHERE a.department_id IN
(SELECT department_id FROM DEPARTMENT
WHERE location_id=city_rec.region_id);
PRINT city_rec.city_name||','||v_salarysum;
END LOOP;
END;
连接信息
服务器: 192.168.88.4
用户名: SYSDBA
查看连接信息
确定
取消

图 2-3　使用 DM 管理工具图形化界面创建存储过程

写,建议统一使用大写。

　　使用 DM 管理工具图形化界面可以调用和调试存储过程,如图 2-4 所示,详细的调试方法参考引言,也可以直接在查询窗口执行 call p_salarysum_bycityname,即可调用存储过程。

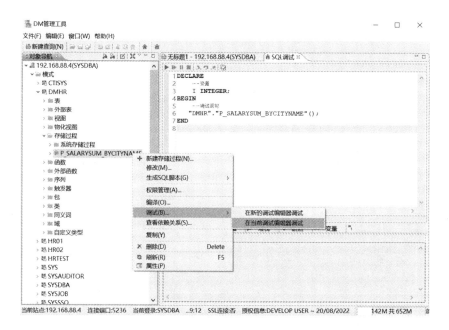

图 2-4　使用 DM 管理工具图形化界面调试存储过程

【例 2-5】　设计一个带参数的存储过程 p_salarysum_bycityname(v_cityname IN VARCHAR2,salarysum OUT NUMBER),输入参数是城市名称,输出参数是工资总数,根据输入的城市名称统计所属员工的工资之和,并显示各城市名称和工资总数。

```
CREATE OR REPLACE    PROCEDURE

p_salarysum_bycityname(v_cityname IN VARCHAR2, salarysum OUT NUMBER) AS

    v_salarysum NUMBER(10,2);

    v_region_id NUMBER;

BEGIN

    SELECT region_id INTO v_region_id FROM city WHERE city_name=v_cityname;

    SELECT SUM(a.salary) INTO v_salarysum FROM employee a WHERE a.department_
id IN
```

```
    (SELECT department_id FROM DEPARTMENT WHERE location_id=v_region_id);
    PRINT v_cityname||','||v_salarysum;
    salarysum:=v_salarysum;
    EXCEPTION
      WHEN NO_DATA_FOUND   THEN
      PRINT   '在该城市没有员工';
END;
```

注意:在定义带参数的存储过程时,要注意在存储过程名称后的参数的数据类型,不要定义参数数据类型的长度,否则会出错。

在 DM SQL 中调用存储过程 p_salarysum_bycityname 的方法如下:

```
DECLARE
  v_salary NUMBER(10,2);
BEGIN
  p_salarysum_bycityname('上海',v_salary);
  PRINT v_salary;
END;
```

2.2.3　存储过程编译

在存储过程中会用到一些表、索引等对象,这些对象可能已经被修改或者被删除,这就意味着存储过程可能已经失效了。当用户需要调用存储过程时,要重新编译该存储过程,用来判断在当前情况下,存储过程是否可用。重新编译一个存储过程的语法格式如下:

```
ALTER PROCEDURE <存储过程名>COMPILE [DEBUG];
```

【例 2-6】　重新编译存储过程 p_salarysum_bycityname。

```
ALTER PROCEDURE p_salarysum_bycityname COMPILE;
```

在 disql 命令行工具或 DM 管理工具查询窗口执行该脚本即可编译存储过程；也可以在 DM 管理工具图形化界面右击该存储过程，选择"编译"编译该存储过程，如图 2-5 所示。

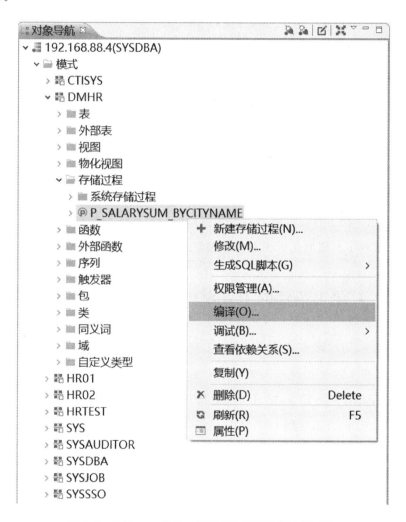

图 2-5　使用 DM 管理工具图形化界面编译存储过程

2.2.4 存储过程删除

当用户需要从数据库中删除一个存储过程时,可以使用存储过程删除语句。其语法如下:

```
DROP PROCEDURE <存储过程名定义>;
```

使用说明:如果被删除的存储过程不属于当前模式,则必须在语句中指明存储过程的模式名。执行该操作的用户必须是该存储过程的拥有者,或者具有 DBA 权限。

【例 2-7】 删除存储过程 p_salarysum_bycityname。

```
DROP PROCEDURE p_salarysum_bycityname;
```

在 disql 命令行工具或 DM 管理工具查询窗口执行该脚本即可删除存储过程;也可以在 DM 管理工具图形化界面右击该存储过程,选择"删除"删除该存储过程。

2.2.5 C 语言语法的 DM SQL 程序

在 DM 8 中,可以将 C 语言语法作为 DM SQL 的一个可选语法,这就为熟悉 C 语言的人提供了很大的便利性。定义一个 C 语言语句块直接用大括号括住 C 语言代码,不需要用 BEGIN 及 END 把语句包含起来。

【例 2-8】 C 语言语法的 DM SQL 程序举例。

(1) 在 DM SQL 程序中利用 C 语言中的函数。

```
{
    string  str=' hello world';
    int count =0;
    for(count =0; count <10; count++)
    {
```

```
        if(power(count, 2) %2 ==0)
        print concat(cast(power(count, 2) as int), str);
    }
}
```

（2）在 DM SQL 程序中利用 C 语言语法进行异常处理。

```
{
  try
{
    select 1/0;
}
  catch(exception ex)
    {
      throw  new  exception(-20002,'test');
    }
}
```

从此例中可以看出，用 C 语言语法编写 DM SQL 程序时，程序可以变得非常简单易懂，可以很自由地调用一些系统内部函数（如此例中的 concat()、power()）、存储函数、存储过程等。可以定义 C♯中的一些数据类型，如此例中的 string 类型，还可以定义 C 语言中的基本数据类型，如此例中的 int，另外还支持全部的 SQL 类型，达梦数据库内部定义的类型包括 EXCEPTION 类、数组类型、游标类型等。

2.3　存　储　函　数

存储函数与存储过程在结构和功能上十分相似，但还是有所差异。它们的区别如下：

（1）存储过程没有返回值，调用者只能通过访问 OUT 或 IN OUT 参数来获得执行结果,而存储函数有返回值,执行结果直接被返回给调用者。

(2)存储过程中可以没有返回语句,而存储函数必须由返回语句结束。

(3)不能在存储过程的返回语句中带表达式,而存储函数中必须带表达式。

(4)存储过程不能出现在表达式中,而存储函数只能出现在表达式中。

2.3.1　存储函数的定义和调用

1. 存储函数的定义

定义存储函数的语法格式如下:

```
CREATE [OR REPLACE] FUNCTION
<模式名.存储函数名>　[WITH ENCRYPTION]
[(<参数名><参数模式><参数数据类型>[<默认值表达式>]{,<参数名><参数模式>
<参数数据类型>[<默认值表达式>]})]
RETURN 返回类型
AS|IS
   声明部分
BEGIN
   可执行部分
   RETURN 表达式;
EXCEPTION
   异常处理部分
END;
```

语法说明如下。

(1)存储函数名:指明被创建的存储函数的名称。

(2)WITH ENCRYPTION:可选项,如果指定 WITH ENCRYPTION 选项,则对 BEGIN 与 END 之间的语句块进行加密,防止非法用户查看其具体内容,加密后的存储函数的定义可在 SYS.SYSTEXTS 系统表中查询。

（3）〈参数模式〉：指明存储函数参数的输入/输出方式。参数模式可设置为 IN、OUT 或 IN OUT（OUT IN），默认为 IN 类，IN 表示向存储函数传递参数，OUT 表示从存储函数返回参数。而 IN OUT 表示传递参数和返回参数。

（4）〈参数数据类型〉：指明存储函数参数的数据类型。

（5）RETURN 返回类型：指明存储函数返回值的数据类型。

（6）声明部分：由变量、游标和子程序等对象的声明构成。

（7）可执行部分：由 SQL 语句和过程控制语句构成的执行代码。

（8）RETURN 表达式：指函数返回的值。

（9）异常处理部分：各种异常的处理程序，存储函数执行异常时调用。

注意：使用该语句的用户必须是 DBA 或该存储函数的拥有者且具有 CREATE FUNCTION 数据库权限的用户；参数数据类型只能指定变量类型，不能指定长度。

【例 2-9】　创建存储函数 f_salaryavg_bycityname，计算给定城市的员工平均工资，该存储函数返回的数据类型是数字型。

```
CREATE OR REPLACE  FUNCTION  f_salaryavg_bycityname (v_cityname IN
VARCHAR2)
   RETURN NUMBER   AS
   v_salarysum NUMBER(10,2);
   v_region_id NUMBER;
BEGIN
   SELECT region_id INTO v_region_id FROM city WHERE city_name=v_cityname;
   SELECT AVG(a.salary) INTO v_salarysum FROM employee a WHERE a.department_
id IN
    (SELECT department_id FROM DEPARTMENT WHERE location_id=v_region_id);
   RETURN v_salarysum;
   EXCEPTION
     WHEN NO_DATA_FOUND   THEN
     PRINT   '在该城市没有员工';
END;
```

使用 disql 命令行工具和 DM 管理工具都可以创建函数，创建方法与创建存储过程的相似,也可以在 DM 管理工具界面左侧的导航窗口对应模式的存储函数下选择"新建函数"来完成函数的创建,如图 2-6 所示(注意区分 DM 管理工具图形化窗口函数名和参数名大小写,建议统一大写)。

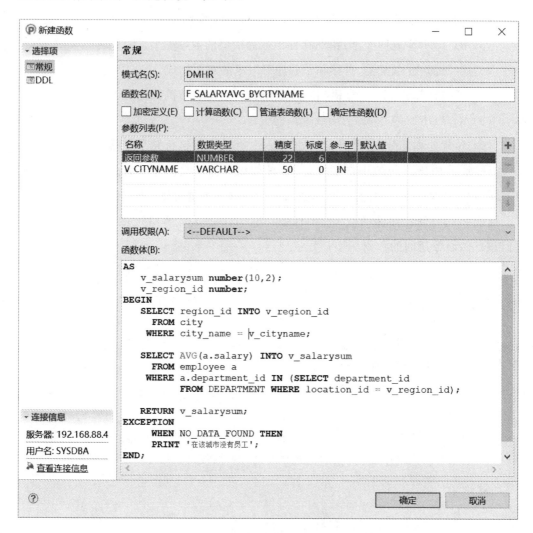

图 2-6　使用 DM 管理工具图形化界面创建函数

2. 存储函数的调用

调用存储函数的语法格式如下:

```
变量名:=函数名[(参数值 1,参数值 2,…)];
```

【例 2-10】　利用函数 f_salaryavg_bycityname 计算该公司在上海的员工平均工资。

```
DECLARE
  v_salary NUMBER(8,2);
BEGIN
  v_salary:=f_salaryavg_bycityname('上海');
  PRINT v_salary;
END;
```

在 disql 命令行工具或 DM 管理工具查询窗口执行该脚本即可调用该函数;也可以在 DM 管理工具图形化界面右击该函数,选择"调用"调用该函数。

每个用户都可以直接调用自己创建的存储函数,如果要调用其他用户的存储函数,则需要具有相应存储函数的 EXECUTE 权限。为此,存储函数的所有者要将 EXECUTE 权限授予给适当的用户,授予 EXECUTE 权限的语句格式为

```
GRANT EXECUTE ON 函数名 TO 用户;
```

2.3.2　存储函数编译

在存储函数中会用到一些表、索引等对象,这些对象可能已经被修改或者被删除,这就意味着存储函数可能已经失效了。当用户需要调用存储函数时,要重新编译该存储函数,用来判断在当前情况下,存储函数是否可用。重新编译一个存储函数的语法格式为

```
ALTER FUNCTION <存储函数名>COMPILE [DEBUG];
```

【例 2-11】 重新编译存储函数 f_salaryavg_ bycityname。

```
ALTER FUNCTION   f_salaryavg_bycityname COMPILE;
```

在 disql 命令行工具或 DM 管理工具查询窗口执行该脚本即可编译该函数;也可以在 DM 管理工具图形化界面右击该函数,选择"编译"编译该函数。

2.3.3　存储函数删除

当用户需要从数据库中删除一个存储函数时,可以使用存储函数删除语句。其语法如下:

```
DROP FUNCTION <存储函数名定义>;
```

使用说明:如果被删除的存储函数不属于当前模式,则必须在语句中指明存储函数的模式名。执行该操作的用户必须是该存储函数的拥有者,或者具有 DBA 权限。

【例 2-12】 删除存储函数 f_salaryavg_ bycityname。

```
DROP FUNCTION   f_salaryavg_bycityname;
```

在 disql 命令行工具或 DM 管理工具查询窗口执行该脚本即可删除该函数;也可以在 DM 管理工具图形化界面右击该函数,选择"删除"删除该函数。

2.3.4　C 外部函数

为了能够在创建和使用自定义 DM SQL 程序时,使用由其他语言实现的接口,DM 8 提供了 C 外部函数。C 外部函数的调用都通过代理进程进行,这样即使 C 外部函数在执行中出现了问题,也不会影响服务器的正常执行。

C 外部函数是使用 C 语言、C++语言编写的,在数据库外编译并保存在.dll、.so 共享库文件中,被用户通过 DM SQL 程序调用的函数。

当用户调用 C 外部函数时,服务器操作步骤如下:首先,确定调用的(C 外部函数

使用的)共享库及函数;然后,通知代理进程工作;接着代理进程装载指定的共享库及
函数,并在函数执行后将结果返回给服务器。

1. 生成动态库

用户必须严格按照如下格式书写代码。C 外部函数格式如下:

```
de_data 函数名(de_args *args)
  {
    C 语言函数实现体;
  }
```

参数说明如下。

(1) de_data:返回值类型。de_data 结构体类型如下:

```
struct de_data
{
  int    null_flag; /*参数是否为空,1 表示非空,0 表示空*/
  union /*只能为 int、double 或 char 类型*/
   {
    int   v_int;
    double  v_double;
    char  v_str[];
   }data;
};
```

(2) de_args:参数类型。de_args 结构体类型如下:

```
struct de_args
  {
   int n_args; /*参数个数*/
```

```
        de_data*args; /*参数列表*/
    };
```

（3）C 语言函数实现体：C 语言函数对应的函数实现体。

使用 C 外部函数参数时，应注意以下几点：

（1）C 语言函数的参数可通过调用 DM 8 提供的一系列 get 函数得到，同时可调用 set 函数重新设置这些参数的值。

（2）需根据返回值类型，调用不同的 return 函数接口。

（3）必须根据参数类型、返回值类型，调用相同类型的 get、set 和 return 函数。当调用 de_get_str 和 de_get_str_with_len 得到字符串后，必须调用 de_str_free 释放空间。

（4）DM 8 提供的编写 C 外部函数动态库的接口如表 2-1 所示。

表 2-1　DM 8 提供的编写 C 外部函数动态库的接口

函数类型	函 数 名	功 能 说 明
get	int de_get_int(de_args * args，int arg_id①)；	第 arg_id 参数的数据类型为整型，从参数列表 args 中取出第 arg_id 参数的值
	double de_get_double(de_args * args，int arg_id)；	第 arg_id 参数的数据类型为 double 类型，从参数列表 args 中取出第 arg_id 参数的值
	char * de_get_str(de_args * args，int arg_id)；	第 arg_id 参数的数据类型为字符串类型，从参数列表 args 中取出第 arg_id 参数的值
	char * de_get_str_with_len(de_args * args，int arg_id，int * len)；	第 arg_id 参数的数据类型为字符串类型，从参数列表 args 中取出第 arg_id 参数的值及字符串长度

---

① 参数个数 arg_id 的起始值为 0。

续表

函数类型	函 数 名	功 能 说 明
set	void de_set_int(de_args * args, int arg_id, int ret);	第 arg_id 参数的数据类型为整型,设置参数列表 args 的第 arg_id 参数的值为 ret
	void de_set_double(de_args * args, int arg_id, double ret);	第 arg_id 参数的数据类型为 double 类型,设置参数列表 args 的第 arg_id 参数的值为 ret
	void de_set_str(de_args * args, int arg_id, char * ret);	第 arg_id 参数的数据类型为字符串类型,设置第 arg_id 参数的值为 ret
	void de_set_str_with_len(de_args * args, int arg_id, char * ret, int len);	第 arg_id 参数的数据类型为字符串类型,将字符串 ret 的前 len 个字符赋值给参数列表 args 的第 arg_id 参数
	void de_set_null(de_args * args, int arg_id);	设置参数列表 args 的第 arg_id 参数为空
return	de_data de_return_int(int ret);	返回值类型为整型
	de_data de_return_double(double ret);	返回值类型为 double 类型
	de_data de_return_str(char * ret);	返回值为字符串类型
	de_data de_return_str_with_len (char * ret, int len);	返回字符串 ret 的前 len 个字符
	de_data de_return_null();	返回空值
de_str_free	void de_str_free(char * str);	调用 de_get_str 函数后,需要调用此函数释放字符串空间
de_is_null	int de_is_null(de_args * args, int arg_id);	判断参数列表 args 的第 arg_id 参数是否为空

2. C 外部函数创建

创建自定义 C 外部函数语法格式如下:

```
CREATE OR REPLACE FUNCTION [模式名.]函数名[(参数列表)] RETURN 返回值类型
EXTERNAL '<动态库路径>' [<引用的函数名>] USING C;
```

语法说明如下。

(1) 函数名:被创建的 C 外部函数的名称。

(2) [模式名.]:被创建的 C 外部函数所属模式的名称,默认为当前模式名。

(3) (参数列表):C 外部函数参数信息,参数模式可设置为 IN、OUT 或 IN OUT (OUT IN),默认为 IN 类型。

(4) 〈动态库路径〉:用户按照 DM 8 规定的 C 语言函数格式编写的 DLL 文件生成的动态库所在的路径。

(5) 〈引用的函数名〉:指明函数名在动态库路径中对应的函数名。

C 外部函数创建时需要注意以下几点:

(1) 引用的函数名如果为空,则其默认与函数名相同。

(2) 动态库路径分为.dll 文件(Windows)和.so 文件(Linux)两种。使用该语句的用户必须是 DBA 或该存储过程的拥有者且具有 CREATE FUNCTION 数据库权限。

3. 举例说明

【例 2-13】 编写(C 语言)外部函数 C_CONCAT,用于连接两个字符串。

(1) 生成动态库。

第一步,使用 Microsoft Visual Studio 2008 创建新项目 newp,位于 d:\xx\tt 文件夹中。将 dmde.lib 动态库和 de_pub.h 头文件复制到 d:\xx\tt\newp\newp 文件夹中。dmde.lib 文件和 de_pub.h 文件位于达梦数据库安装目录下的 include 子目录中。

第二步,在 newp 项目中,添加新的 tt.h 头文件。tt.h 头文件内容如下:

```
#include "de_pub.h"
```

```
#include "string.h"
#include "stdlib.h"
```

第三步,在 newp 项目中,添加源文件 tt. c,内容如下:

```
#include "tt.h"
de_data C_CONCAT(de_args * args)
{
  de_data de_ret;
  char* str1;
  char* str2;
  char* str3;
  int len1;
  int len2;
  str1 =de_get_str(args, 0); /*从参数列表中取第 0 个参数*/
  str2 =de_get_str_with_len(args, 1, &len2); /*从参数列表中取第 1 个参数的值
及长度*/
  len1 =strlen(str1);
  str3 =malloc(len1 +len2);
  memcpy(str3, str1, len1);
  memcpy(str3 +len1, str2, len2);
  de_str_free(str1); /*调用 get 函数得到字符串之后,需要调用此函数释放字符串
空间*/
  de_str_free(str2);
  de_ret =de_return_str_with_len(str3, len1 +len2);/*返回字符串*/
  free(str3);
  return de_ret;
}
```

第四步,在 newp 项目的源文件中,添加模块定义文件 tt. def,内容如下:

```
LIBRARY   "newp.dll"
EXPORTS
C_CONCAT
```

第五步，在 Microsoft Visual Studio 2008 界面中，单击项目，找到 newp 属性，单击"打开"按钮。在"配置属性"→"链接器"→"输入"中添加附加依赖项"dmde.lib"，在"配置属性"→"常规"中调整配置类型为动态库(.dll)。

第六步，生成 newp 项目，得到 newp.dll 文件，默认位于 d:\xx\tt\newp\debug 目录下。

至此，外部函数的使用环境准备完毕。

（2）创建并使用外部函数。

第一步，启动数据库服务器，启动 disql。

第二步，在 disql 中，创建外部函数 my_concat，语句如下：

```
CREATE OR REPLACE FUNCTION my_concat(a VARCHAR, b VARCHAR) RETURN VARCHAR
EXTERNAL 'd:\xx\tt\newp\debug\newp.dll' C_CONCAT USING C;
```

第三步，调用 C 外部函数，语句如下：

```
SELECT my_concat ('hello ', 'world! ');
```

第四步，查看结果，结果为 hello world!

2.3.5　Java 外部函数

Java 外部函数是使用 Java 语言编写的，在数据库外编译生成的 jar 包，被用户通过 DM SQL 程序调用的函数。

当用户调用 Java 外部函数时，服务器操作步骤如下：首先，确定调用的（外部函数使用的）jar 包及函数；然后，通知代理进程工作；接着代理进程装载指定的 jar 包及函数，并在函数执行后将结果返回给服务器。

1. 生成 jar 包

用户必须严格按照 Java 语言的格式书写代码,完成后生成 jar 包。

2. Java 外部函数创建

创建 Java 外部函数的语法格式如下:

```
CREATE OR REPLACE FUNCTION[模式名.]函数名[(参数列表)]
RETURN 返回值类型
EXTERNAL '<jar 包路径>'[<引用的函数名>] USING JAVA;
```

语法说明如下。

(1) 函数名:被创建的 Java 外部函数的名称。

(2) [模式名.]:被创建的 Java 外部函数所属模式的名称,默认为当前模式名。

(3) (参数列表):Java 外部函数参数信息,参数模式可设置为 IN、OUT 或 IN OUT(OUT IN),默认为 IN 类型。参数类型个数和返回值类型都应与 jar 包里的一致。目前支持的函数参数类型有 int、字符串(char、varchar、varchar2)、bigint、double,分别对应 Java 类型 int、string、long、double。

(4) 〈jar 包路径〉:用户按照 DM 8 规定的 Java 语言函数格式编写的源码生成的 jar 包所在的路径。

(5) 〈引用的函数名〉:函数名在 jar 包路径中对应的函数名。

使用说明如下。

(1) 〈引用的函数名〉如果为空,则其默认与函数名相同;

(2) 使用该语句的用户必须是 DBA 或该外部函数的拥有者且具有 CREATE FUNCTION 数据库权限。

3. 举例说明

【例 2-14】 编写(Java 语言)外部函数 testAdd,用于求两个数之和,testStr 用于在一个字符串后面加上 hello。

（1）生成 jar 包。

第一步，使用 Eclipse 创建新项目 newp，位于 F:\workspace 文件夹中。

第二步，在 newp 项目中，添加类文件。右击 src，新建（new）一个 class，命名（name）为 test。Modifiers 选择 pubic。class 文件内容如下：

```
public class test {
  public static int testAdd(int a, int b) {
    return a +b;
  }
public static String testStr(String str) {
    return str +" hello";
  }
}
```

第三步，生成 jar 包。在 newp 项目中右击，选中"EXPORT"，再选择"JAR file"，取消.classpath 和.project 的选中。目标路径 JAR file 设置为"E:\test.jar"，然后单击"finish"按钮。

第四步，查看 E 盘中的 test.jar。文件应已经存在。

至此，外部函数的使用环境准备完毕。

（2）创建并使用外部函数。

第一步，启动数据库服务器 dmserver，启动 DM 管理工具。

第二步，在 DM 管理工具中，创建外部函数 MY_INT 和 MY_chr，语句如下：

```
CREATE OR REPLACE FUNCTION MY_INT(a int, b int)
   RETURN INT EXTERNAL 'E:\test.jar' "test.testAdd" USING JAVA;
CREATE OR REPLACE FUNCTION MY_chr(s varchar)
   RETURN VARCHAR EXTERNAL 'E:\test.jar' "test.testStr" USING JAVA;
```

第三步，调用 Java 外部函数，语句如下：

```
SELECT MY_INT(1,2);

SELECT MY_chr('abc');
```

第四步,查看结果,分别为

```
3
abc hello
```

2.4　触　发　器

触发器是一种特殊类型的存储过程,是一段存储在数据库中由 DM SQL 程序编写的执行某种功能的程序,当特定事件发生时,由系统自动调用执行,而不能由应用程序显式地调用执行。此外,触发器不能含有任何参数。

2.4.1　触发器概述

1. 触发器的触发事件

触发器的特定触发事件如下。

(1) DML 操作。当对表进行数据的 INSERT、UPDATE 和 DELETE 操作时,会激发相应的 DML 触发器。

① INSERT 操作,在特定的表或视图中增加数据。

② UPDATE 操作,修改特定的表或视图中的数据。

③ DELETE 操作,删除特定表或视图中的数据。

(2) DDL 操作。当对模式进行 CREATE、ALTER、DROP、RENAME 等操作时,会激发相应的事件触发器。

① CREATE 操作,创建对象。

② ALTER 操作,修改对象。

③ DROP 操作,删除对象。

④ RENAME 操作,重命名对象。

(3)数据库系统事件。当数据库发生服务器启动/关闭、用户登录/注销和服务器错误等事件时,会激发系统触发器。

① STARTUP/SHUTDOWN,服务器启动/关闭。

② LOGON/LOGOFF,用户登录/注销。

③ ERRORS,特定的错误消息等。

2. 触发器的作用

触发器主要用于维护通过创建表的声明约束不可能实现的复杂的完整性约束,并对数据库中的特定事件进行监控和响应。其主要作用如下:

(1)自动生成自增长字段。

(2)执行更加复杂的业务逻辑。

(3)防止无意义的数据操作。

(4)提供审计。

(5)允许和限制修改某些表。

(6)实现完整性规则。

(7)保证数据的同步复制。

3. 触发器的组成

触发器由触发器头部和触发器体两个部分组成,主要包括以下参数:

(1)作用对象,指触发器对谁发生作用,作用的对象包括表、视图、数据库和模式。

(2)触发事件,指激发触发器的事件,如 DML 操作、DDL 操作、数据库系统事件等,可以将多个事件用关系运算符 OR 组合。

(3)触发时间,用于指定触发器在触发事件完成之前还是之后被激发。如果指定为 AFTER,则表示先执行触发事件,然后执行触发器体的代码;如果指定为

BEFORE,则表示先执行触发器体的代码,再执行触发事件。

(4) 触发级别,用于指定触发器响应触发事件的方式。默认为语句级触发器,即触发器触发事件发生后,触发器只激发一次。如果指定为 FOR EACH ROW,即为行级触发器,则触发事件每作用于一条记录,触发器就会激发一次。

(5) 触发条件,由 WHEN 子句指定一个逻辑表达式,当触发事件发生,而且 WHEN 条件为 TRUE 时,触发器才会被激发。

(6) 触发操作,指触发器激发时所进行的操作。

4. 设计触发器的原则

在程序中使用触发器功能时,应遵循以下设计原则,以确保程序正确和高效。

(1) 如果希望保证一个操作能引起一系列相关动作的执行,应使用触发器。

(2) 不要用触发器来重复实现达梦数据库中已有的功能。例如,如果用约束机制能完成希望的完整性检查,就不应使用触发器。

(3) 避免递归触发。所谓递归触发,就是触发器内的语句又会激发该触发器,导致语句的执行无法终止。例如,在表 T1 上创建 BEFORE UPDATE 触发器,而该触发器中又有对表 T1 的 UPDATE 语句。

(4) 合理地控制触发器的大小和数目。应用时一旦触发器被创建,任何用户在任何时间执行相应操作都会导致触发器被激发,从而影响系统性能。

2.4.2　触发器创建

触发器分为表触发器和事件触发器。表触发器是对表中数据进行操作引发的数据库的触发;事件触发器是对数据库对象进行操作引起的数据库的触发。另外,时间触发器是一种特殊的事件触发器。

1. 表触发器

用户可以使用触发器定义语句(CREATE TRIGGER)在一张基表上创建触发器。触发器定义语句的语法如下:

```
CREATE [OR REPLACE] TRIGGER [<模式名>.]<触发器名>[WITH ENCRYPTION]
<触发限制描述>[REFERENCING OLD [ROW] [AS] <引用变量名> | NEW [ROW] [AS] <引用
变量名>
| OLD [ROW] [AS] <引用变量名> NEW [ROW] [AS] <引用变量名>]
[FOR EACH {ROW | STATEMENT}] [WHEN <条件表达式>] <触发器体>
<触发限制描述> :: = <触发限制描述 1> | <触发限制描述 2>
<触发限制描述 1> :: = <BEFORE | AFTER> <触发事件> {OR <触发事件>} ON <触发表名>
<触发限制描述 2> :: = INSTEAD OF <触发事件> {OR <触发事件>} ON <触发视图名>
<触发表名> :: = [<模式名>.] <基表名>
```

参数说明如下。

(1)〈触发器名〉:指明被创建的触发器的名称。

(2) BEFORE:指明触发器在执行触发语句之前激发。

(3) AFTER:指明触发器在执行触发语句之后激发。

(4) INSTEAD OF:指明触发器执行时替换原始操作。

(5)〈触发事件〉:指明激发触发器的事件,可以是 INSERT、DELETE 或 UPDATE,其中 UPDATE 事件可通过 UPDATE OF〈触发列清单〉的形式来指定所修改的列。

(6)〈基表名〉:指明被创建触发器的基表的名称。

(7) WITH ENCRYPTION:可选项,指定是否对触发器定义进行加密。

(8) REFERENCING 子句:指明可以在元组级触发器的触发器体和 WHEN 子句中利用相关名称来访问当前行的新值或旧值,默认的相关名称为 OLD 和 NEW。

(9)〈引用变量名〉标识符:指明行的新值或旧值的相关名称。

(10) FOR EACH 子句:指明触发器为元组级或语句级触发器。FOR EACH ROW 表示元组级触发器,它受被触发命令的影响、且被 WHEN 子句的表达式计算为真的每条记录激发一次。FOR EACH STATEMENT 表示语句级触发器,对于每个触发命令执行一次。FOR EACH 子句默认为语句级触发器。

(11) WHEN 子句:只允许为元组级触发器指定 WHEN 子句,它包含一个布尔表达式,当表达式的值为 TRUE 时,执行触发器体的代码;否则,跳过该触发器。

(12)〈触发器体〉:触发器被激发时执行的 SQL 过程语句块。

行级触发器是指执行 DML 操作时,每操作一个记录,触发器就激发一次,一个 DML 操作涉及多少个记录,触发器就激发多少次。在行级触发器中可以使用 WHEN 条件,进一步控制触发器的激发。在触发器体中,可以对当前操作的记录进行访问和操作。

在行级触发器中引入了 :old 和 :new 两个标识符,来访问和操作当前被处理记录的数据。DM SQL 程序将 :old 和 :new 作为 triggering_table％ROWTYPE 类型的两个变量。在不同触发事件中,:old 和 :new 的意义不同,如表 2-2 所示。

表 2-2　:old 和 :new 标识符的含义

触发事件	标识符含义	
	:old	:new
INSERT	未定义,所有字段都为 NULL	当语句完成时,被插入的记录
UPDATE	更新前的原始记录	当语句完成时,更新后的记录
DELETE	记录被删除前的原始值	未定义,所有字段都为 NULL

触发事件可以是多个数据操作的组合,即一个触发器可能既是 INSERT 触发器,又是 DELETE 或 UPDATE 触发器。

当一个触发器被多个 DML 语句激发时,在这种触发器体内部可以使用 3 个谓词——INSERTING、DELETING 和 UPDATING 来确定当前执行的是何种操作。这 3 个谓词的含义如表 2-3 所示。

表 2-3　触发器谓词的含义

谓　词	含　义
INSERTING	当触发语句为 INSERT 时为真,否则为假
DELETING	当触发语句为 DELETE 时为真,否则为假
UPDATING[(<列名>)]	未指定列名时,当触发语句为 UPDATE 时为真,否则为假;指定某一列名时,当触发语句为对该列的 UPDATE 时为真,否则为假

【例 2-15】　建立触发器 tri_salary_check,增加新员工或者调整员工工资时,保证其工资涨幅不超过 25％。

```
CREATE OR REPLACE TRIGGER tri_salary_check BEFORE INSERT OR UPDATE
ON employee
    FOR EACH ROW
DECLARE
    Salary_out_of_range EXCEPTION FOR -20002;
BEGIN
    /*如果工资涨幅超过 25%,报告异常 */
    IF UPDATING AND(:new.Salary -:old.Salary)/ :old.Salary >0.25 THEN
        RAISE Salary_out_of_range;
    END IF;
END;
```

　　使用 disql 命令行或 DM 管理工具执行以上命令即可创建触发器,也可以在 DM 管理工具界面左侧导航窗口对应模式的"触发器"页签选择"表级触发器",右击选择"新建触发器"完成触发器的创建,选择触发的表信息,如图 2-7 所示。

图 2-7　使用 DM 管理工具图形化界面创建表级触发器

在触发器体中填写触发的执行代码,点击"确定"完成触发器的创建,如图 2-8 所示。

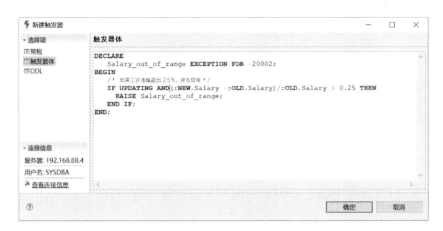

图 2-8　使用 DM 管理工具图形化界面创建表级触发器——触发器体

【例 2-16】　建立引用完整性维护触发器 tri_dept_delorupd_cascade。删除被引用表 DEPARTMENT 中的数据时,级联删除引用表 employee 中引用该数据的记录;更新被引用表 DEPARTMENT 中的数据时,更新引用表 employee 中引用该数据的记录的相应字段。

```
CREATE OR REPLACE TRIGGER tri_dept_delorupd_cascade
AFTER DELETE OR UPDATE ON DEPARTMENT FOR EACH ROW BEGIN
  IF DELETING THEN
    DELETE FROM employee WHERE department_id =:old.department_id;
  ELSE
    UPDATE employee SET department_id =:new.department_id
    WHERE department_id =:old.department_id;
  END IF;
END;
```

2. INSTEAD OF 触发器

对视图进行插入、删除和修改数据等操作时,如果视图定义中包括下列任何一项,

则这些操作不可直接进行,需要通过 INSTEAD OF 类型触发器来实现。这些项包括:

(1) 集合操作符(UNION,UNION ALL,MINUS,INTERSECT);

(2) 聚集函数(SUM,AVG);

(3) GROUP BY,CONNECT BY 或 START WITH 子句;

(4) DISTINCT 操作符;

(5) 由表达式定义的列;

(6) 伪列 ROWNUM;

(7) 涉及多个表的连接操作。

INSTEAD OF 触发器是建立在视图上的触发器,响应视图上的 DML 操作。由于对视图的 DML 操作最终会转换为对基本表的操作,因此激发 INSTEAD OF 触发器的 DML 语句本身并不执行,而是转换到触发器体中执行。所以这种类型的触发器称为 INSTEAD OF(替代)触发器。此外,INSTEAD OF 触发器必须是行级触发器。

【例 2-17】 创建基于多表的视图 view_empbydep,然后在该视图中创建一个 INSTEAD OF 触发器。

(1) 创建 view_empbydep 视图。

```
CREATE VIEW view_empbydep   AS
  SELECT a.employee_id,a.employee_name,a.email,a.hire_date,a.job_id,a.
department_id
FROM employee a,department b
WHERE a.department_id=b.department_id AND a.department_id=102;
```

(2) 创建触发器 trig_empview。

```
CREATE OR REPLACE TRIGGER trig_empview
INSTEAD OF INSERT
ON view_empbydep
FOR EACH ROW
BEGIN
```

```
    INSERT INTO employee(employee_id,employee_name,email,hire_date,job_id,
department_id)
                values (:new.employee_id,:new.employee_name,:new.email,
    :new.hire_date,:new.job_id ,:new.department_id);
    END;
```

使用 disql 命令行或 DM 管理工具执行以上命令即可创建该视图级触发器,也可以在 DM 管理工具界面左侧导航窗口对应模式的"触发器"页签选择"视图级触发器",右击选择"新建触发器"完成视图级触发器的创建,选择触发的视图,如图 2-9所示。

图 2-9　使用 DM 管理工具图形化界面创建视图级触发器

在触发器体中填写触发的执行代码,点击"确定"完成触发器的创建,如图 2-10 所示。

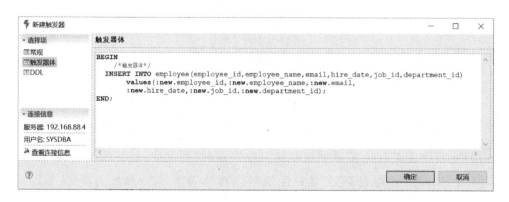

图 2-10　使用 DM 管理工具图形化界面创建视图级触发器——触发器体

(3)插入数据。验证测试插入成功。

```
INSERT INTO view_empbydep values(1199,'周红','zhouhong@ dameng.com',
'2016-08-08',52,102);
```

3. 事件触发器

DDL 和事件触发器的主要语法如下:

```
CREATE [OR REPLACE] TRIGGER [<模式名>.]<触发器名>[WITH ENCRYPTION]
BEFORE| AFTER <触发事件子句>ON <触发对象名>[WHEN <条件表达式>]<触发器体>
<触发事件子句>:=<DDL 事件子句>| <系统事件子句>
<DDL 事件子句>:=<DDL 事件> {OR <DDL 事件>}
<DDL 事件>: = < CREATE> |< ALTER> | < DROP> | < GRANT> | < REVOKE> | < TRUNCATE> |
<COMMENT>
<系统事件子句>:=<系统事件>{OR <系统事件>}
<系统事件>:=<LOGIN> | <LOGOUT> | <SERERR> |<BACKUP DATABASE>
|<RESTORE DATABASE>|<AUDIT>|<NOAUDIT>|<TIMER>|<STARTUP>|<SHUTDOWN>
<触发对象名>:=[<模式名>.]SCHEMA|DATABASE
```

参数说明如下。

（1）〈模式名〉：指明被创建的触发器所属模式的名称或触发事件发生的对象所属模式的名称，默认为当前模式。

（2）〈触发器名〉：指明被创建的触发器的名称。

（3）BEFORE：指明触发器在执行触发语句之前激发。

（4）AFTER：指明触发器在执行触发语句之后激发。

（5）〈DDL 事件子句〉：指明激发触发器的 DDL 事件，可以是 CREATE、ALTER、DROP、GRANT、REVOKE、TRUNCATE、COMMENT 等。

（6）〈系统事件子句〉：LOGIN/LOGON、LOGOUT/LOGOFF、SERERR、BACKUP DATABASE、RESTORE DATABASE、AUDIT、NOAUDIT、TIMER、STARTUP、SHUTDOWN。

（7）WITH ENCRYPTION 选项，指定是否对触发器定义进行加密。

（8）WHEN 子句：只允许为元组级触发器指定 WHEN 子句，它包含一个布尔表达式，当表达式的值为 TRUE 时，激发触发器；否则，跳过该触发器。

（9）〈触发器体〉：触发器被激发时执行的 SQL 过程语句块。

对于事件触发器，所有事件信息都通过伪变量——EVENTINFO 来获得。

下面对每种事件可以获得的信息进行详细说明。

（1）CREATE：添加新的数据库对象（包括用户、基表、视图等）到数据字典时触发。

对象类型描述：：eventinfo. object，type。其指明事件对象的类型，类型为 VARCHAR(128)，对于不同的类型其值如下：

用户：'USER'。

表：'TABLE'。

视图：'VIEW'。

索引：'INDEX'。

过程：'PROCEDURE'。

函数：'FUNCTION'。

角色：'ROLE'。

模式：'SCHEMA'。

序列：'SEQUENCE'。

触发器：'TRIGGER'。

同义词：'SYNONYM'。

包：'PACKAGE'。

类：'CLASS'。

类型：'TYPE'。

包体：'PACKAGEBODY'。

类体：'CLASSBODY'。

类型体：'TYPEBODY'。

表空间：'TABLESPACE'。

HTS 表空间：'HUGETABLESPACE'。

域：'DOMAIN'。

目录：'DIRECTORY'。

外部链接：'LINK'。

对象名称：:eventinfo. objectname。指明事件对象的名称，类型为 VARCHAR（128）。

所属模式：:eventinfo. schemaname。指明事件对象所属的模式名，类型为 VARCHAR(128)，针对不同类型的对象有可能为空。

所属数据库：:eventinfo. databasename。指明事件对象所属的数据库名，类型为 VARCHAR(128)，针对不同类型的对象有可能为空。

操作类型：:eventinfo. optype。指明事件的操作类型，类型为 VARCHAR(20)，其值为"CREATE"。

操作用户名：:eventinfo. opuser。指明事件操作者的用户名，类型为 VARCHAR（128）。

事件发生时间：:eventinfo. optime。指明事件发生的时间，类型为 DATETIME。

（2）ALTER：只要修改了数据字典中的数据对象（包括用户、基表、视图等），就激活触发器。

对象类型描述：:eventinfo. objecttype。指明事件对象的类型，类型为 CHAR(1)，对于不同的类型其值如下：

用户：'USER'。

表：'TABLE'。

视图:'VIEW'。

索引:'INDEX'。

过程:'PROCEDURE '。

函数:'FUNCTION'。

序列:'SEQUENCE'。

触发器:'TRIGGER'。

表空间:'TABLESPACE'。

HTS 表空间:'HUGETABLESPACE'。

对象名称::eventinfo. objectname。指明事件对象的名称,类型为 VARCHAR(128)。

所属模式::eventinfo. schemaname。指明事件对象所属的模式名,类型为 VARCHAR(128),针对不同类型的对象有可能为空。

所属数据库::eventinfo. databasename。指明事件对象所属的数据库名,类型为 VARCHAR(128),针对不同类型的对象有可能为空。

操作类型::eventinfo. optype。指明事件的操作类型,类型为 VARCHAR(20),其值为"ALTER"。

操作用户名::eventinfo. opuser。指明事件操作者的用户名,类型为 VARCHAR(128)。

事件发生时间::eventinfo. optime。指明事件发生的时间,类型为 DATETIME。

(3)DROP:从数据字典中删除数据库对象(包括用户、登录、基表、视图等)时触发。

对象类型描述::eventinfo. objecttype。指明事件对象的类型,类型为 VARCHAR(128),对于不同的类型其值如下:

用户:'USER'。

表:'TABLE'。

视图:'VIEW'。

索引:'INDEX'。

过程:'PROCEDURE'。

函数:'FUNCTION'。

角色:'ROLE'。

模式:'SCHEMA'。

序列:'SEQUENCE'。

触发器:'TRIGGER'。

同义词:'SYNONYM'。

包:'PACKAGE'。

类:'CLASS'。

类型:'TYPE'。

表空间:'TABLESPACE'。

HTS 表空间:'HUGETABLESPACE'。

域:'DOMAIN'。

目录:'DIRECTORY'。

外部链接:'LINK'。

对象名称::eventinfo. objectname。指明事件对象的名称,类型为 VARCHAR (128)。

所属模式::eventinfo. schemaname。指明事件对象所属的模式名,类型为 VARCHAR(128),针对不同类型的对象有可能为空。

所属数据库::eventinfo. databasename。指明事件对象所属的数据库名,类型为 VARCHAR(128),针对不同类型的对象有可能为空。

操作类型::eventinfo. optype。指明事件的操作类型,类型为 VARCHAR(20), 其值为"DROP"。

操作用户名::eventinfo. opuser。指明事件操作者的用户名,类型为 VARCHAR (128)。

事件发生时间::eventinfo. optime。指明事件发生的时间,类型为 DATETIME。

(4)GRANT:执行 GRANT 命令时触发。

权限类型描述::eventinfo. granttype。指明授予权限的类型,类型为 VARCHAR (256)。对于不同的类型其值如下:

对象权限:'OBJECT_PRIV'。

系统权限:'SYSTEM_PRIV'。

角色权限:'ROLE_PRIV'。

授予权限对象的用户名::eventinfo. grantee。指明授予权限的对象用户,类型为

VARCHAR(256)。

对象名称::eventinfo. objectname。对象权限有效,指明事件对象的名称,类型为 VARCHAR(128)。

所属模式::eventinfo. schemaname。对象权限有效,指明事件对象所属的模式名,类型为 VARCHAR(128),针对不同类型的对象有可能为空。

所属数据库::eventinfo. databasename。指明事件对象所属的数据库名,类型为 VARCHAR(256),针对不同类型的对象有可能为空。

操作用户名::eventinfo. opuser。指明事件操作者的用户名,类型为 VARCHAR(256)。

事件发生时间::eventinfo. optime。指明事件发生的时间,类型为 DATETIME。

(5)REVOKE:执行 REVOKE 命令时触发。

权限类型描述::eventinfo. granttype。指明回收权限的类型,类型为 VARCHAR(256)。对于不同的类型其值如下:

对象权限:'OBJECT_PRIV'。

系统权限:'SYSTEM_PRIV'。

角色权限:'ROLE_PRIV'。

授予权限对象的用户名::eventinfo. grantee。指明回收权限的对象用户,类型为 VARCHAR(256)。

对象名称::eventinfo. objectname。对象权限有效,指明事件对象的名称,类型为 VARCHAR(128)。

所属模式::eventinfo. schemaname。对象权限有效,指明事件对象所属的模式名,类型为 VARCHAR(128),针对不同类型的对象有可能为空。

操作用户名::eventinfo. opuser。指明事件操作者的用户名,类型为 VARCHAR(256)。

所属数据库::eventinfo. databasename。指明事件对象所属的数据库名,类型为 VARCHAR(256),针对不同类型的对象有可能为空。

事件发生时间::eventinfo. optime。指明事件发生的时间,类型为 DATETIME。

(6)TRUNCATE:执行 TRUNCATE 命令时触发。

对象名称::eventinfo. objectname。指明事件对象的名称,类型为 VARCHAR(256)。对于不同的类型其值如下:

表：'TABLE'。

所属模式：：eventinfo. schemaname。指明事件对象所属的模式名,类型为 VARCHAR(256),针对不同类型的对象有可能为空。

所属数据库：：eventinfo. databasename。指明事件对象所属的数据库名,类型为 VARCHAR(256),针对不同类型的对象有可能为空。

操作类型：：eventinfo. optype。指明事件的操作类型,类型为 VARCHAR(20),其值为"TRUNCATE"。

操作用户名：：eventinfo. opuser。指明事件操作者的用户名,类型为 VARCHAR(256)。

事件发生时间：：eventinfo. optime。指明事件发生的时间,类型为 DATETIME。

(7)LOGIN/LOGON：登录时触发。

登录名：：eventinfo. loginname。指明登录时的用户名,类型为 VARCHAR(256)。

事件发生时间：：eventinfo. optime。指明事件发生的时间,类型为 DATETIME。

(8)LOGOUT/LOGOFF：退出时触发。

登录名：：eventinfo. logoutname。指明退出时的用户名,类型为 VARCHAR(256)。

事件发生时间：：eventinfo. optime。指明事件发生的时间,类型为 DATETIME。

(9)BACKUP DATABASE：备份数据库时触发。

备份的数据库：：eventinfo. databasename。指明事件对象所属的数据库名,类型为 VARCHAR(256),针对不同类型的对象有可能为空。

备份名：：eventinfo. backupname。指明的备份名,类型为 VARCHAR(256)。

操作用户名：：eventinfo. opuser。指明事件操作者的用户名,类型为 VARCHAR(256)。

事件发生时间：：eventinfo. optime。指明事件发生的时间,类型为 DATETIME。

(10)RESTORE DATABASE：还原数据库时触发。

还原的数据库：：eventinfo. databasename。指明事件对象所属的数据库名,类型为 VARCHAR(256),针对不同类型的对象有可能为空。

还原的备份名：：eventinfo. backupname。指明的备份名,类型为 VARCHAR(256)。

操作用户名：：eventinfo. opuser。指明事件操作者的用户名,类型为 VARCHAR

(256)。

事件发生时间::eventinfo.optime。指明事件发生的时间,类型为 DATETIME。

(11)SERERR:只要服务器记录了错误消息就触发。

错误号::eventinfo.ERRCODE。指明错误的错误号,类型为 INT。

错误信息::eventinfo.errmsg。指明错误的错误信息,类型为 VARCHAR(256)。

事件发生时间::eventinfo.optime。指明事件发生的时间,类型为 DATETIME。

(12)COMMENT ON DATABASE/SCHEMA:执行 COMMENT 命令时触发。

操作类型::eventinfo.objecttype。指明事件对象类型,类型为 VARCHAR(20)。

对象名称::eventinfo.objectname。指明事件对象的名称,类型为 VARCHAR(128)。

所属模式::eventinfo.schemaname。指明事件对象所属的模式名,类型为 VARCHAR(128),针对不同类型的对象有可能为空。

所属数据库::eventinfo.databasename。指明事件对象所属的数据库名,类型为 VARCHAR(256),针对不同类型的对象有可能为空。

操作类型::eventinfo.optype。指明事件的操作类型,类型为 VARCHAR(20),其值为"COMMENT"。

操作用户名::eventinfo.opuser。指明事件操作者的用户名,类型为 VARCHAR(128)。

事件发生时间::eventinfo.optime。指明事件发生的时间,类型为 DATETIME。

(13)AUDIT:审计时触发(用于收集,处理审计信息)。

(14)NOAUDIT:不审计时触发。

(15)TIMER:定时触发。参见下文所述时间触发器。

(16)STARTUP:服务器启动后触发,只能 AFTER STARTUP。

SHUTDOWN:服务器关闭前触发,只能 BEFORE SHUTDOWN。SHUTDOWN 触发,不要执行花费时间长于 5 s 的操作。

【例 2-18】 创建触发器 tr_droptable,记录数据库中 drop 和 truncate 表的操作。

新建 t_log_opobjectname 表记录操作日志,表结构参考代码如下:

```
create table t_log_opobjectname(
    objecttype        varchar(50),
```

```
objectname      varchar(50),
schemaname   varchar(50),
databasename varchar(50),
optype varchar(50),
opuser varchar(50),
optime datetime);
```

创建触发器 tr_opobjects,代码参考如下:

```
create or replace trigger tr_opobjects
before create or truncate or alter or drop on database
begin
    insert into t_log_opobjectname(objecttype, objectname, schemaname,
            databasename, optype, opuser, optime)
      values (:eventinfo.objecttype, :eventinfo.objectname, :eventinfo.
schemaname,
            :eventinfo.databasename, :eventinfo.optype, :eventinfo.opuser,
:eventinfo.optime);
end;
```

使用 disql 命令行或 DM 管理工具执行以上命令即可创建该事件触发器,也可以在 DM 管理工具界面左侧导航窗口对应模式的"触发器"页签选择"库触发器"或者"模式级触发器",右击选择"新建触发器"完成触发器的创建,选择触发事件,如图 2-11所示。

在触发器体中填写触发的执行代码,点击"确定"完成触发器的创建,如图 2-12所示。

触发器创建完成后,执行如下代码测试触发器,完成创建表、清空表和删除表的动作。

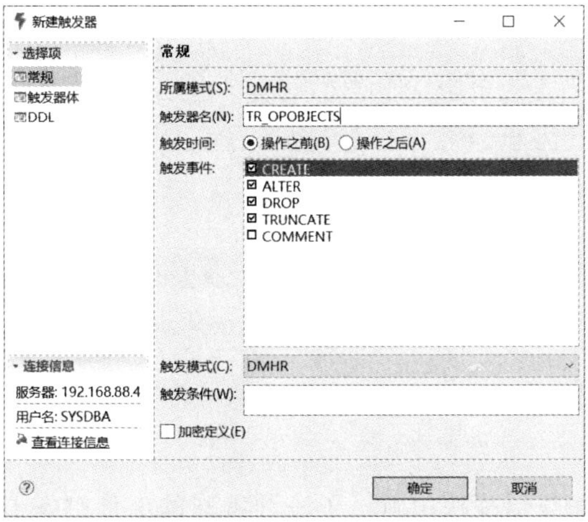

图 2-11 使用 DM 管理工具图形化界面创建事件触发器

图 2-12 使用 DM 管理工具图形化界面创建事件触发器——触发器体

```
create table t_test(id int, name varchar(20));

truncate table t_test;

drop table t_test;
```

查看日志表信息的触发结果（执行动作、操作事件等），查询结果如图 2-13 所示.

```
select *  from t_log_opobjectname;
```

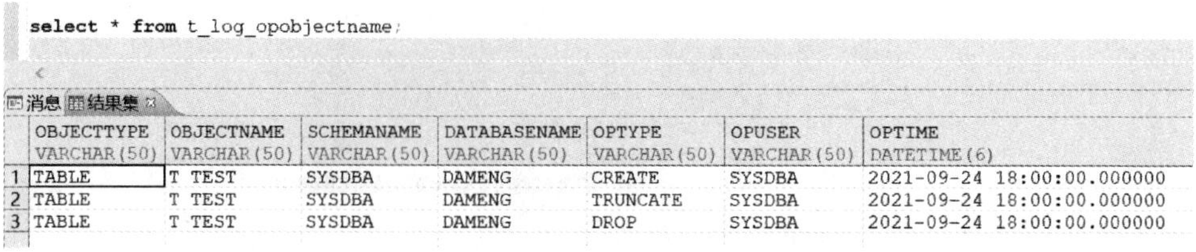

```
select * from t_log_opobjectname;
```

	OBJECTTYPE VARCHAR(50)	OBJECTNAME VARCHAR(50)	SCHEMANAME VARCHAR(50)	DATABASENAME VARCHAR(50)	OPTYPE VARCHAR(50)	OPUSER VARCHAR(50)	OPTIME DATETIME(6)
1	TABLE	T_TEST	SYSDBA	DAMENG	CREATE	SYSDBA	2021-09-24 18:00:00.000000
2	TABLE	T_TEST	SYSDBA	DAMENG	TRUNCATE	SYSDBA	2021-09-24 18:00:00.000000
3	TABLE	T_TEST	SYSDBA	DAMENG	DROP	SYSDBA	2021-09-24 18:00:00.000000

图 2-13　使用 DM 管理工具查询日志表

4. 时间触发器

从 DM 8 开始,触发器模块中新增了一种特殊的事件触发器类型,就是时间触发器。时间触发器的特点是用户可以定义以时间点、时间区域、间隔时间等的方式来激发触发器,而不是通过数据库中的某些操作如 DML、DDL 操作等来激发触发器,它的最小时间精度为分钟。

时间触发器与其他触发器的不同只在触发事件上,DM SQL 程序语句块(BEGIN 和 END 之间的语句)的定义是完全相同的。时间触发器的创建语句如下:

```
CREATE [OR REPLACE] TRIGGER [<模式名>.]<触发器名>[WITH ENCRYPTION]
AFTER TIMER ON DATABASE
<{FOR ONCE AT DATETIME [时间表达式]}|{{<month_rate>|<week_rate>|<day_rate>}
{once_in_day|times_in_day}{during_date}}>
[WHEN <条件表达式>]
<触发器体>
<month_rate>:={FOR EACH <整型变量>MONTH {day_in_month}}| FOR EACH <整型变
量>MONTH { day_in_month_week}
<day_in_month>:=DAY <整型变量>
<day_in_month_week>:={DAY <整型变量>OF WEEK<整型变量>}|{DAY <整型变量>OF
WEEK LAST}
<week_rate>:=FOR EACH <整型变量>WEEK {day_of_week_list}
<day_of_week_list>:={<整型变量>}|{, <整型变量>}
<day_rate>:=FOR EACH <整型变量>DAY
```

```
<once_in_day >:=AT TIME <时间表达式>

<times_in_day >: = { during_time } FOR EACH <整型变量>MINUTE

<during_time>: = {NULL}|{FROM TIME <时间表达式>}|{FROM TIME <时间表达式>TO
TIME <时间表达式>}

<during_date>: = {NULL}|{FROM DATETIME <日期时间表达式>}|{FROM DATETIME
<日期时间表达式>TO DATETIME <日期时间表达式>}
```

参数说明如下。

(1)〈模式名〉:指明被创建的触发器所属模式的名称或触发事件发生的对象所属模式的名称,默认为当前模式。

(2)〈触发器名〉:指明被创建的触发器的名称。

(3) WHEN 子句:包含一个布尔表达式,当表达式的值为 TRUE 时,激发触发器;否则,跳过该触发器。

(4)〈触发器体〉:触发器被激发时执行的 SQL 过程语句块。

【例 2-19】　在每个月的第 28 天,从早上 9 点开始到晚上 18 点,每隔一分钟就打印一个字符串"HELLO WORLD"[①]。

```
CREATE OR REPLACE TRIGGER  timer2

AFTER TIMER ON DATABASE FOR EACH 1 MONTH DAY 28

FROM TIME '09:00' TO TIME '18:00' FOR EACH 1 MINUTE

DECLARE

  str VARCHAR;

BEGIN

  PRINT 'HELLO WORLD';

END;
```

时间触发器实用性很强,如在凌晨(此时服务器的负荷比较小)做一些数据的备份

---

① 此触发器需要 SYSDBA 用户登录创建。如要看到此触发器运行结果,需要按以下步骤启动达梦服务器实例。首先,在"DM 服务查看工具"中,停止"DM 数据库实例服务";然后,在命令行启动"DM 数据库实例服务",如:C:\dmdbms\bin\dmserver、C:\dmdbms\data\DAMENG\dm. ini。此后,如果用户在 DISQL 中使用 LOGIN 命令登录数据库,那么在服务器启动命令行窗口就可以看到触发器运行结果。

操作,对数据库中表的统计信息进行更新操作等类似的事情,也可以作为定时器通知用户在未来的某些时间要做的事情。

2.4.3　触发器管理

1. 触发器删除

当用户需要从数据库中删除一个触发器时,可以使用触发器删除语句。其语法如下:

```
DROP TRIGGER [<模式名>.]<触发器名>;
```

参数说明如下。

(1)〈模式名〉:指明被删除的触发器所属的模式。

(2)〈触发器名〉:指明被删除的触发器的名称。

使用该语句时,若触发器的触发表被删除,则表上的触发器将被自动删除;除了DBA 用户外,其他用户必须是该触发器所属基表的拥有者才能删除触发器。执行触发器删除操作的用户必须是该触发器所属基表的拥有者,或者具有 DBA 权限。

【例 2-20】　删除触发器 TRG1。

```
DROP TRIGGER TRG1;
```

【例 2-21】　删除模式 SYSDBA 下的触发器 TRG2。

```
DROP TRIGGER SYSDBA.TRG2;
```

2. 禁止和允许触发器

每个触发器创建成功后都自动处于允许状态(ENABLE),只要基表被修改,触发

器就会被激发,但是不包含下面的几种情况:

(1) 触发器体内引用的某个对象暂时不可用。

(2) 载入大量数据时,希望屏蔽触发器以提高执行速度。

(3) 重新载入数据。用户可能希望触发器暂时不被激发,但是又不想删除这个触发器。这时,可将其设置为禁止状态(DISABLE)。

当触发器处于允许状态时,只要执行相应的 DML 语句,且触发条件计算为真,触发器就会被激发;当触发器处于禁止状态时,则在任何情况下触发器都不会被激发。根据不同的应用需要,用户可以使用触发器修改语句将触发器设置为允许或禁止状态。其语法如下:

```
ALTER TRIGGER [<模式名>.]<触发器名>DISABLE | ENABLE;
```

参数说明如下:

(1)〈模式名〉:指明被修改的触发器所属的模式。

(2)〈触发器名〉:指明被修改的触发器的名称。

(3) DISABLE:指明将触发器设置为禁止状态。当触发器处于禁止状态时,在任何情况下触发器都不会被激发。

(4) ENABLE:指明将触发器设置为允许状态。当触发器处于允许状态时,只要执行相应的 DML 语句,且触发条件计算为真,触发器就会被激发。

3. 触发器编译

对触发器进行编译,如果编译失败,则触发器被设置为禁止状态。编译功能主要用于检验触发器的正确性。语法格式如下:

```
ALTER TRIGGER [<模式名>.]<触发器名>COMPILE
```

参数说明如下:

(1)〈模式名〉:指明被修改的触发器所属的模式。

(2)〈触发器名〉:指明被修改的触发器的名称。

执行该操作的用户必须是触发器的拥有者，或者具有 DBA 权限。

【例 2-22】　编译触发器。

```
ALTER TRIGGER test_trigger COMPILE;
```

任务 3 基于数据库访问接口标准的应用程序设计

3.1 任 务 说 明

应用系统对数据库的访问和操作需借助数据库系统提供的接口来实现,为便于程序员开发基于 DM 8 数据库系统的应用程序或对原有应用程序进行数据库迁移等升级改造,DM 8 数据库针对不用应用场景和不同编程语言,严格遵循国际数据库标准或行业标准,提供了丰富、标准和可靠的编程接口。

本章主要介绍 ODBC、JDBC 和. Net Data Provider 编程接口的使用方法。通过本章的学习,读者可以使用 DM ODBC、DM JDBC 和. Net Data Provider 接口来完成对达梦数据库的访问和操作。

3.2 任 务 知 识 点

3.2.1 DM ODBC 程序设计应用

1. DM ODBC 主要功能

开放式数据库互连(open database connectivity,ODBC)是由 Microsoft 开发和定

义的一种访问数据库的应用程序接口,其定义了访问数据库 API 的一组规范,这些 API 独立于形色各异的数据库系统和编程语言。因此,ODBC 支持不同的编程语言,同时也支持不同的数据库系统。借助 ODBC 接口,应用程序能够使用相同的源代码和各种各样的数据库交互。这使得应用程序开发人员不需要考虑各类数据库系统的构造细节,只要使用相应的 ODBC 驱动程序,即可通过将 SQL 语句发送到目标数据库中,访问和操作各类数据库中的数据。

也就是说,一个基于 ODBC 的应用程序,其对数据库的操作不依赖任何数据库系统,所有的数据库操作都由对应数据库的 ODBC 驱动程序完成。不论是 SQL Server、Access、Oracle,还是达梦数据库,它们均可借助 ODBC API 进行访问。ODBC 体系结构如图 3-1 所示,ODBC 驱动程序管理器用于管理各种 ODBC 驱动程序,基于 ODBC 开发的应用程序通过 ODBC 驱动程序管理器调用针对不同数据库的驱动程序,进行数据对象的维护、数据的查询和修改等操作。

DM 8 数据库提供的 DM ODBC 3.0 接口遵照 Microsoft ODBC 3.0 规范设计与开发,实现了 ODBC 应用程序与达梦数据库的互连。其由 C 语言编写,其底层通过调用 DM DCI 接口实现。因此,应用程序开发人员可基于 ODBC 接口规范,使用 DM ODBC 驱动访问和操作 DM 8 数据库。

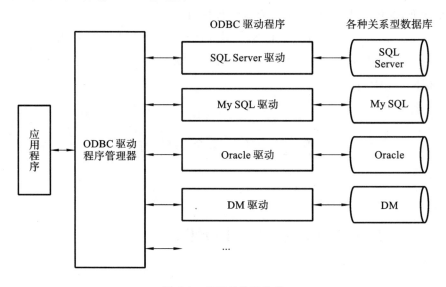

图 3-1　ODBC 体系结构

2. DM ODBC 接口主要函数

由于 DM ODBC 是遵照 Microsoft ODBC 3.0 规范设计与开发的,因此 DM ODBC 接口提供的函数与标准 ODBC 的一致。DM ODBC 接口函数较多,表 3-1 仅列出了 DM ODBC 主要的接口函数,读者在开发基于 DM ODBC 的应用程序时可参阅标准 ODBC 编程接口。

表 3-1　DM ODBC 主要接口函数

函数功能	函数名称	注　释
连接数据源	SQLAllocHandle	分配环境、连接、语句或者描述符句柄
	SQLConnect	建立与驱动程序或者数据源的连接,访问数据源的连接句柄包含了状态、事务声明和错误信息的所有连接信息
	SQLDriverConnect	与 SQLConnect 相似,用来连接到驱动程序或者数据源。但它比 SQLConnect 支持的数据源的连接信息更多,它提供了一个对话框来提示用户设置所有的连接信息及系统信息表没有定义的数据源
获取驱动程序和数据源信息	SQLDataSources	能够被调用多次来获取应用程序使用的所有数据源的名字
	SQLDrivers	返回所有安装过的驱动程序清单,包括对它们的描述及属性关键字
	SQLGetInfo	返回连接的驱动程序和数据源的元信息
	SQLGetFunctions	返回指定的驱动程序是否支持某个特定函数的信息
	SQLGetTypeInfo	返回指定的数据源支持的数据类型的信息
设置或者获取驱动程序属性	SQLSetConnectAttr	设置连接属性值
	SQLGetConnectAttr	返回连接属性值
	SQLSetEnvAttr	设置环境属性值
	SQLGetEnvAttr	返回环境属性值
	SQLSetStmtAttr	设置语句属性值
	SQLGetStmtAttr	返回语句属性值

续表

函数功能	函数名称	注 释
设置或者获取描述符字段	SQLGetDescField	返回单个描述符字段的值
	SQLGetDescRec	返回当前描述符记录的多个字段的值
	SQLSetDescField	设置单个描述符字段的值
	SQLSetDescRec	设置描述符记录的多个字段
准备 SQL 语句	SQLPrepare	准备要执行的 SQL 语句
	SQLBindParameter	在 SQL 语句中分配参数的缓冲区
	SQLGetCursorName	返回与语句句柄相关的游标名称
	SQLSetCursorName	设置与语句句柄相关的游标名称
	SQLSetScrollOptions	设置控制游标行为的选项
提交 SQL 请求	SQLExecute	执行准备好的 SQL 语句
	SQLExecDirect	执行一条 SQL 语句
	SQLNativeSql	返回驱动程序对一条 SQL 语句的翻译
	SQLDescribeParam	返回对 SQL 语句中指定参数的描述
	SQLNumParams	返回 SQL 语句中参数的个数
	SQLParamData	与 SQLPutData 联合使用在运行时给参数赋值
	SQLPutData	在 SQL 语句运行时给部分或者全部参数赋值
检索结果集及其相关信息	SQLRowCount	返回 INSERT、UPDATE 或者 DELETE 等语句影响的行数
	SQLNumResultCols	返回结果集中列的数目
	SQLDescribeCol	返回结果集中列的描述符记录
	SQLColAttribute	返回结果集中列的属性
	SQLBindCol	为结果集中的列分配缓冲区
	SQLFetch	在结果集中检索下一行元组
	SQLFetchScroll	返回指定的结果行
	SQLGetData	返回结果集中当前行某一列的值
	SQLSetPos	在取到的数据集中设置游标的位置。这个记录集中的数据能够刷新、更新或者删除
	SQLBulkOperations	执行块插入和块书签操作,其中包括根据书签更新、删除或者取数据
	SQLMoreResults	确定是否能够获得更多的结果集,如果能就执行下一个结果集的初始化操作

续表

函数功能	函数名称	注　释
检索结果集及其相关信息	SQLGetDiagField	返回一个字段值或者一个诊断数据记录
	SQLGetDiagRec	返回多个字段值或者一个诊断数据记录
取得数据源系统表的信息	SQLColumnPrivileges	返回一个关于指定表的列的列表及相关的权限信息
	SQLColumns	返回指定表的列信息的列表
	SQLForeignKeys	返回指定表的外键信息的列表
	SQLPrimaryKeys	返回指定表的主键信息的列表
	SQLProcedureColumns	返回指定存储过程的参数信息的列表
取得数据源系统表的信息	SQLProcedures	返回指定数据源的存储过程信息的列表
	SQLSpecialColumns	返回唯一确定的某一行的列的信息,或者当某一事务修改一行的时候自动更新各列的信息
	SQLStatistics	返回一个单表的相关统计信息和索引信息
	SQLTablePrivileges	返回相关各表的名称及相关的权限信息
	SQLTables	返回指定数据源中的表信息
终止语句执行	SQLFreeStmt	终止语句执行,关闭所有相关的游标,放弃没有提交的结果,选择释放与指定语句句柄相关的资源
	SQLCloseCursor	关闭一个打开的游标,放弃没有提交的结果
	SQLCancel	放弃执行一条 SQL 语句
	SQLEndTran	提交或者回滚事务
中断连接	SQLDisconnect	关闭指定连接
	SQLFreeHandle	释放环境、连接、语句或者描述符句柄

3.2.2 DM JDBC 程序设计应用

Java 是当前使用最广泛的编程语言之一,为便于访问 Java 应用和操作 DM 8 数据库,DM 8 也支持 JDBC 编程接口。Java 应用可借助 JDBC 驱动,使用 Java 语言开发应用系统。

1. DM JDBC 主要功能

JDBC(Java DataBase Connectivity)是 Java 应用程序连接和操作关系型数据库的应用程序接口。其由一组规范的类和接口组成,通过调用类和接口所提供的方法,可访问和操作不同的关系型数据库系统。

DM 8 遵循 JDBC 标准接口规范,提供了 DM JDBC 驱动程序,使得 Java 程序员可以通过标准的 JDBC 编程接口进行创建数据库连接、执行 SQL 语句、检索结果集、访问数据库元数据等操作,从而开发基于 DM 8 数据库的应用程序,JDBC 体系结构如图 3-2 所示。

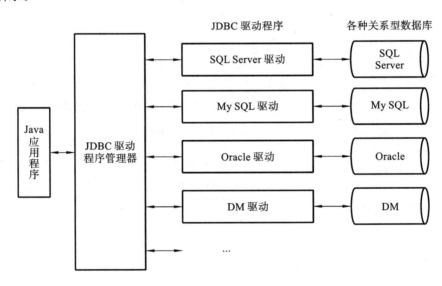

图 3-2　JDBC 体系结构

2. DM JDBC 主要接口和函数

由于 DM JDBC 驱动程序是遵照 JDBC 标准规范设计与开发的,因此 DM JDBC 接口提供的函数与标准 JDBC 的一致。JDBC 接口函数较多,表 3-2 仅列出了 DM JDBC 的主要接口函数,读者在开发基于 DM JDBC 的应用程序时也可参阅标准 JDBC 编程接口。

表 3-2　DM JDBC 主要接口函数

主要类或接口	类或接口说明	主要函数	函数说明
java. sql. Driver-Manager	用于管理驱动程序,并可与数据库建立连接。其类中的方法均为静态方法	getConnection	创建连接
		setLoginTimeout	设置登录超时时间
		registerDriver	注册驱动
		deregisterDriver	卸载驱动
java. sql. Connection	数据库连接类,作用是管理指向数据库的连接,可用于提交和回滚事务、创建 Statement 对象等操作	createStatement	创建一个 Statement 对象
		setAutoCommit	设置自动提交
		close	关闭数据库连接
		commit	提交事务
		rollback	回滚事务
java. sql. Statement	用于在连接上运行 SQL 语句,并可访问结果	execute	运行 SQL 语句
		executeQuery	执行一条返回 ResultSet 的 SQL 语句
		executeUpdate	执行 INSERT、UPDATE、DELETE 或一条没有返回数据集的 SQL 语句
		getResultSet	用于得到当前 ResultSet 的结果
java. sql. Result-Set	结果集对象,主要用于查询结果的访问	absolute	将结果集的记录指针移动到指定行
		next	将结果集的记录指针定位到下一行
		last	将结果集的记录指针定位到最后一行
		close	释放 ResultSet 对象

续表

主要类或接口	类或接口说明	主要函数	函数说明
java. sql. Database-MetaData	用于获取数据库元数据信息的类,如模式信息、表信息、表权限信息、表列信息、存储过程信息等	getTables	得到指定参数的表信息
		getColumns	得到指定表的列信息
		getPrimaryKeys	得到指定表的主键信息
		getTypeInfo	得到当前数据库的数据类型信息
		getExportedKeys	得到指定表的外键信息
java. sql. Result-SetMetaData	用于获取结果集元数据信息的类,如数据集的列数、列的名称、列的数据类型、列大小等	getColumnCount	得到数据集的列数
		getColumnName	得到数据集中指定的列名
		getColumnLabel	得到数据集中指定的标签
		getColumnType	得到数据集中指定的数据类型

3.2.3 .NET Data Provider 程序设计应用

.NET Data Provider 是.NET Framework 编程环境下的用户访问数据库的编程接口。其在数据源和代码之间创建了一个最小层,以便在不以牺牲功能为代价的前提下提高性能,达梦数据库借助底层的 DM DCI 接口来实现对.NET Data Provider 的支持。使用.NET Data Provider 需具备.NET 应用环境,而不需要安装达梦数据库客户端。

为便于开发基于.Net Data Provider 的应用程序,DM .NET Provider 接口主要实现了 DmConnection、DmCommand、DmDataAdapter、DmDataReader、DmParameter、DmParameterCollection、DmTransaction、DmCommandBuilder、DmConnectionStringBuilder、DmClob 和 DmBlob 共 11 个类。表 3-3 列出 11 个类的主要函数,详细类说明请参阅达梦数据库程序员手册。

表 3-3　DM．NET Provider 主要类和函数

主要类或接口	类或接口说明	主要函数或属性	函数或属性说明
DmConnection	表示一个打开达梦数据库的连接	Open	使用指定参数打开数据库连接
		Close	关闭数据库连接
		BeginTransaction	开始数据库事务
		CreateCommand	创建并返回一个 DmCommand 对象
		GetSchema	得到达梦数据库的数据源的全部元信息
DmCommand	表示要对达梦数据库执行的一个 SQL 语句或存储过程	CreateParameter	创建一个参数对象实例
		ExecuteNonQuery	对数据库执行 SQL 语句并返回受影响的行数
		ExecuteReader	以指定方式执行命令
		ExecuteScalar	执行查询命令
		Cancel	试图取消命令的执行
DmDataAdapter	用于填充 DataSet 和更新数据	Fill	在 DataSet 中添加或刷新行以匹配数据源中的行
		FillSchema	将 DataTable 添加到 DataSet 中，并配置架构以匹配数据源中的架构
		Update	为 DataSet 中每个已插入、已更新或已删除的行调用相应的 INSERT、UPDATE 或 DELETE 语句
DmDataReader	通过只向前的方式从结果集中获取行数据	Close	关闭 DmDataReader 对象
		GetBoolean	获取指定列的布尔类型值
		GetByte	获取指定列的字节类型值
		GetChar	获取指定列的单个字符类型值
		GetDataTypeName	获取源数据类型的名称

续表

主要类或接口	类或接口说明	主要函数或属性	函数或属性说明
DmDataReader	通过只向前的方式从结果集中获取行数据	GetDouble	获取指定列的双精度类型值
		GetFloat	获取指定列的单精度类型值
		GetIntXx	获取指定列的整数类型值
		GetKeyCols	获取主键列
		GetName	获取指定列的名称
		GetString	获取指定列的字符串类型值
		GetValues	获取当前行集合中的所有属性列
		NextResult	当读取批处理 SQL 语句的结果时,使数据读取器前进到下一个结果
		Read	使 DmDataReader 前进到下一条记录
DmParameter	用于表示 Dm-Command 的参数及这些参数各自到 DataSet 中列的映射	DmParameter	构造函数,通过参数的设置来初始化 DmParameter 实例
DmParameter-Collection	用于表示与 Dm-Command 相关的参数集合及这些参数各自到 DataSet 中的列的映射	Add	将 DmParamter 添加到 DmParameterCollection
		Clear	从集合中移除所有项
		IndexOf	获取 DmParameter 在集合中的位置
		Insert	将 DmParameter 插入集合中的指定索引位置
		Remove	从集合中移除指定的 DmParameter

主要类或接口	类或接口说明	主要函数或属性	函数或属性说明
DmTransaction	用于表示要在达梦数据库中处理的 SQL 事务	Commit	提交数据库事务
		Dispose	释放由 DmTransaction 占用的非托管资源,还可以释放托管资源
		Rollback	回滚数据库事务
		Save	在事务中创建保存点,并指定保存点名称
DmCommand-Builder	自动生成用于协调 DataSet 的更改与关联数据库的单表命令	QuotePrefix	获取或设置一个或多个开始字符
		QuoteSuffix	获取或设置一个或多个结束字符
DmConnection-StringBuilder	自动生成用于连接对象进行连接的字符串,继承自 DmCommandBuilder	QuotePrefix	获取或设置一个或多个开始字符
		QuoteSuffix	获取或设置一个或多个结束字符
DmClob	用于访问服务器的字符类型的大字段对象	GetString	获取指定参数的字符串
		Length	获取大字段的长度
		SetString	更新大字段内容
		Truncate	截断大字段内容
		GetSubString	获取指定参数的字符串
DmBlob	用于访问服务器二进制类型大字段	Length	获取大字段数据长度
		SetBytes	设置指定参数的字节数据
		GetBytes	获取指定参数的字节数据
		Truncate	将大字段截断为指定长度
		GetStream	获取流对象,通过流对象进行数据读取

3.3　任务实现

3.3.1　DM ODBC 应用程序开发示例

1. DM ODBC 应用程序开发总体流程

DM ODBC 为程序员提供了基于 ODBC 接口开发应用程序的手段，程序员利用 DM ODBC 开发应用程序的总体流程如图 3-3 所示。首先，安装 DM ODBC 驱动；然后，配置 DM ODBC 数据源；最后，基于 DM ODBC 编写代码访问和操作 DM 8 数据库。

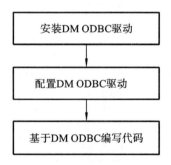

图 3-3　利用 DM ODBC 开发应用程序总体流程

1）安装 DM ODBC 驱动程序

借助 DM ODBC 编程接口开发应用程序时，首先需在客户端安装 DM ODBC 驱动程序。在 Windows 操作系统下，DM ODBC 驱动程序的安装主要有两种方式：一是安装达梦数据库客户端并勾选 DM ODBC 驱动程序；二是复制 DM ODBC 3.0 驱动程序并注册。

（1）安装达梦数据库客户端，并勾选 DM ODBC 驱动程序的相关选项，安装工具将复制 DM ODBC 3.0 驱动程序到硬盘，并在 Windows 注册表中登记 DM ODBC 驱动程序信息。

（2）复制 DM ODBC 3.0 驱动程序并注册。首先，将驱动程序（dodbc.dll）拷贝到客户端某一目录下，然后创建一个注册文件并运行该注册文件（例如 installDmOdbc.reg），完成驱动程序的注册，该文件可参考如下所示内容进行书写。

```
REGEDIT4

[HKEY_LOCAL_MACHINE\Software\ODBC\ODBCINST.INI\ODBC Drivers]

"DM8 ODBC DRIVER"="Installed"

[HKEY_LOCAL_MACHINE\Software\ODBC\ODBCINST.INI\DM8 ODBC DRIVER]

"Driver"="%DM_HOME%\\bin\\dodbc.dll"    //此处修改成 dodbc.dll 所在目录

"Setup"="%DM_HOME%\\bin\\dodbc.dll"     //此处修改成 dodbc.dll 所在目录
```

在 Linux 操作系统上使用 DM ODBC 依赖于 Unix ODBC 库，所以在 Linux 上使用 DM ODBC 需要先安装 Unix ODBC，如果 Unix ODBC 未安装在系统目录下，则为了能使 DM ODBC 能找到需要的库文件，用户需要设置系统环境变量 LD_LIBRARY _PATH 指向动态库。另外，如果安装的 Unix ODBC 生成的动态库名称不是 libodbcinst.so（如 libodbcinst.so.1.0.0 或者 libodbcinst.so.2.0.0 等），则需要对实际库文件建立符号链接。

2）配置 DM ODBC 数据源

基于 DM ODBC 接口的应用程序访问达梦数据库服务器是通过配置的 ODBC 数据源来进行的。因此，编写基于 DM ODBC 接口的应用程序时，应先配置 ODBC 数据源。

Windows 环境 ODBC 数据源的配置可借助操作系统提供的 ODBC 数据源管理器来完成。在配置 DM ODBC 数据源时，选择 DM ODBC DRIVER 驱动程序，并设置服务器、端口号等相关参数即可，如图 3-4 和图 3-5 所示。

在 Linux 上可以修改配置文件来配置 ODBC 数据源。执行 unix ODBC 安装目录下的 odbcinst -j 显示 ODBC 的配置文件路径。这里假设配置文件在 etc 目录下，DM 数据库安装在/usr/local/DMDBMS 目录。

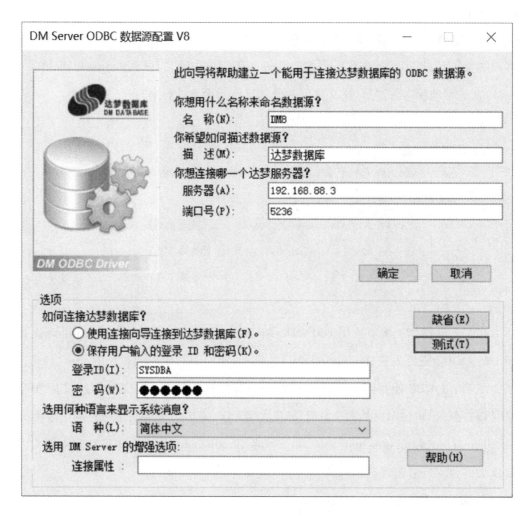

图 3-4　DM ODBC 数据源配置

①编辑/etc/odbcinst.ini,输入如下内容:

```
[DM8 ODBC DRIVER]

Description = ODBC DRIVER FOR DM8

Driver =  /usr/local/DMDBMS/bin/libodbc.so
```

②编辑/etc/odbc.ini,输入如下内容:

图 3-5 ODBC 数据源管理程序

注意：

①odbc. ini 中的 Driver 内容一定要与 odbcinst. ini 中的达梦驱动定义的节点名称相同。

②在 odbc. ini 的 SERVER 中可以输入数据库服务器的 IP。数据库用户名、密码和端口根据实际情况填写。

3）基于 DM ODBC 编写代码

DM ODBC 驱动程序安装完成,并成功配置 DM ODBC 数据源后,即可编写代码访问数据库,进行数据对象的管理、数据的查询和修改等操作。

2. DM ODBC 代码编写流程

DM ODBC 数据源配置成功后,即可编写代码访问和操作数据库。遵循 ODBC 编程规范,基于 DM ODBC 编写代码访问和操作数据库的大致流程如图3-6所示。

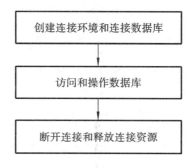

图 3-6 基于 DM ODBC 编写代码流程

首先,创建连接环境和连接数据库。主要通过调用相关函数分配环境句柄、设置环境属性、分配连接句柄和建立数据库连接等。

其次,访问和操作数据库。主要通过建立的连接来分配语句句柄、执行 SQL 语句等,该过程是操作数据库的主体部分,与数据库的所有交互均在该过程完成。

最后,断开连接和释放连接资源。数据库操作完成后,需关闭数据库连接,并释放连接资源。

3. DM ODBC 代码编写示例

【例 3-1】 基于 DM ODBC 编程接口,利用已配置的 DM ODBC 数据源"DM",编写程序,获取数据源"DM"对应的数据库 dmhr. employee 中表的数据,包括职员 ID、姓名、手机号码等信息。

在 Visual Studio 2010 集成开发环境中,首先新建一个 C/C++空项目,并为该项目添加一个.cpp 源代码文件;然后添加依赖文件"dodbc. lib"及达梦数据库安装目录下的 bin 和 include 两个依赖目录(针对数据库的版本类型,选择 32 位或 64 位编译环境,建议选择 64 位);接着基于 DM ODBC 接口编写代码。

1)创建连接环境和连接数据库

应用程序与达梦数据库进行通信,需要和数据库建立连接。① 调用函数 SQLAllocHandle 申请环境、连接句柄;② 调用函数 SQLSetEnvAttr 设置环境句柄属性;③ 调用函数 SQLSetConnectAttr 设置连接句柄属性;④ 调用连接函数 SQLConnect、SQLDriverConnect 或 SQLBrowseConnect 连接数据源。

2)访问和操作数据库

与 ODBC 数据源建立连接后,即可通过 ODBC 函数访问和操作数据库。调用 SQLAllocHandle 申请语句句柄,通过该句柄执行 SQL 语句;调用函数 SQLPrepare 对 SQL 语句和操作进行准备;调用 SQLDescribeCol、SQLDescribeParameter 等函数取得相关的描述信息,依据描述信息调用 SQLBindCol、SQLBindParameter 等函数绑定相关的列和参数;调用 SQLExecute 执行 SQL 语句,实现相关的 SQL 操作。应用程序也可以调用 SQLExecDirect 直接执行 SQL 语句进行相关的 SQL 操作。

3)断开连接和释放连接资源

数据库操作完成后,程序需关闭数据库连接,并释放连接资源。如果要终止客户程序与服务器之间的连接,客户程序应当完成以下的几个操作:

(1)调用 SQLFreeHandle 释放语句句柄,关闭所有打开的游标,释放相关的语句句柄资源(在非自动提交模式下,需事先提交当前的事务);

(2)调用函数 SQLDisconnect 关闭所有的连接;

(3)调用 SQLFreeHandle 释放连接句柄及其相关的资源;

(4)调用 SQLFreeHandle 释放环境句柄及其相关的资源。

例 3-1 代码如下所示。

```
#include <windows.h>
#include <stdio.h>
#include <sql.h>
#include <sqltypes.h>
#include <sqlext.h>
/*检测返回代码是否为成功标志,当为成功标志时返回 TRUE,否则返回 FALSE */
```

```
#define RC_SUCCESSFUL(rc) ((rc) ==SQL_SUCCESS || (rc) ==SQL_SUCCESS_WITH_
INFO)
/*检测返回代码是否为失败标志,当为失败标志时返回 TRUE,否则返回 FALSE */
#define RC_NOTSUCCESSFUL(rc) (! (RC_SUCCESSFUL(rc)))
HENV henv; /*环境句柄 */
HDBC hdbc; /*连接句柄 */
HSTMT hsmt; /*语句句柄 */
SQLRETURN sret;/*返回代码 */
char szpersonid[11]; /*人员编号*/
SQLLEN cbpersonid=0;
char szname[51]; /*人员姓名*/
SQLLEN cbname=0;
char szphone[26]; /*联系电话*/
SQLLEN cbphone=0;
void main(void)
{
    /*申请一个环境句柄 */
    SQLAllocHandle(SQL_HANDLE_ENV, NULL, &henv);
    if(henv ==NULL){
        printf("ODBC 环境句柄分配失败");
        return;
    }
    /*设置环境句柄的 ODBC 版本 */
    SQLSetEnvAttr(henv, SQL_ATTR_ODBC_VERSION, (SQLPOINTER)SQL_OV_ODBC3,
SQL_IS_INTEGER);
    /*申请一个连接句柄 */
    SQLAllocHandle(SQL_HANDLE_DBC, henv, &hdbc);
    if(hdbc ==NULL){
        printf("ODBC 连接句柄分配失败");
        return;
    }
```

```
sret=SQLConnect(hdbc, (SQLCHAR *)"DM", SQL_NTS, (SQLCHAR *)"SYSDBA",
SQL_NTS, (SQLCHAR *)"dameng123", SQL_NTS);
    if(sret ==SQL_SUCCESS||sret==SQL_SUCCESS_WITH_INFO){
        /*申请一个语句句柄 */
        SQLAllocHandle(SQL_HANDLE_STMT, hdbc, &hsmt);
        /*立即执行查询人员信息表语句 */
        SQLExecDirect(hsmt, (SQLCHAR *)"SELECT employee_id, employee_name,
phone_num FROM dmhr.employee;", SQL_NTS);
        /*绑定数据缓冲区 */
        SQLBindCol(hsmt, 1, SQL_C_CHAR, szpersonid, sizeof(szpersonid),
&cbpersonid);
        SQLBindCol(hsmt, 2, SQL_C_CHAR, szname, sizeof(szname), &cbname);
        SQLBindCol(hsmt, 3, SQL_C_CHAR, szphone, sizeof(szphone),
&cbphone);
        /*取得数据并且打印数据 */
        printf("人员编号 人员姓名 联系电话\n");

        for (;;) {
            sret =SQLFetchScroll(hsmt, SQL_FETCH_NEXT, 0);
            if (sret ==SQL_NO_DATA_FOUND)
            break;
            printf("%s %s %s\n", szpersonid, szname, szphone);
        }
    }
    else{
        printf("连接失败\n");
    }
    /*关闭游标,终止语句执行 */
    SQLCloseCursor(hsmt);
    /*释放语句句柄 */
    SQLFreeHandle(SQL_HANDLE_STMT, hsmt);
```

```
        /*断开与数据源之间的连接 */
        SQLDisconnect(hdbc);
        /*释放连接句柄 */
        SQLFreeHandle(SQL_HANDLE_DBC, hdbc);
        /*释放环境句柄*/
        SQLFreeHandle(SQL_HANDLE_ENV, henv);
    }
```

3.3.2　DM JDBC 应用程序开发示例

1. DM JDBC 应用程序开发总体流程

DM JDBC 为程序员提供了基于 JDBC 接口开发应用程序的手段,程序员利用 DM JDBC 开发应用程序的总体流程如下:首先,获取 DM JDBC 驱动包(拷贝对应的 Jar 包即可);然后,配置 Java 环境 PATH 路径;最后,基于 DM JDBC 编程规范,编写代码访问和操作 DM 8 数据库。

1) 获取 DM JDBC 驱动包

DM JDBC 驱动包的获取方式有两种:一是安装 DM 数据库客户端;二是直接复制已有客户端或服务器中的 JDBC 驱动包。

比如 Windows 或 Linux 机器上,如果已经安装了 DM 数据库客户端,则在安装目录的 drivers 目录下找到 jdbc 文件夹,该文件夹下有对应不同 JDK 版本的 DM JDBC 驱动包。如果开发环境为 JDK1.8 的版本,则需要拷贝 DmJdbcDriver18.jar 驱动包至开发环境 lib 目录,如图 3-7 所示。

2) 引用 DM JDBC 驱动包

如果开发环境使用的是 eclispe 工程,则在 eclispe 界面新建 Java 工程,在对应的构建属性中选择"Java Build Path",选择"Libraries"页签,点击"Add JARs",选择步骤 1)中的 jdbc 驱动包 DmJdbcDriver18.jar 路径,点击"Apply"即可,如图 3-8 所示。

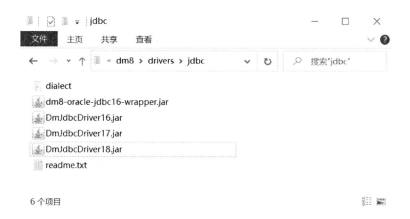

图 3-7　Java 应用程序环境配置

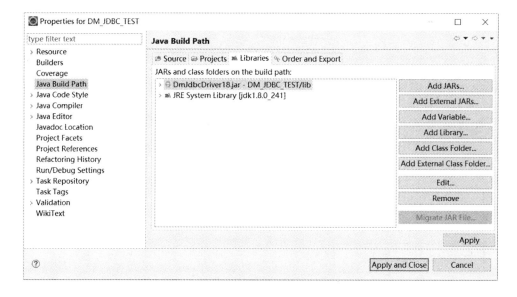

图 3-8　eclipse 界面配置 DM JDBC 驱动包

3) 编写 DM JDBC 代码

DM JDBC 驱动包添加至 eclipse 开发环境后,即可编写 Java 代码访问 DM 数据库,进行 DM 数据对象的管理、数据的查询和修改等操作,如图 3-9 所示。

2. DM JDBC 代码编写流程

由于 DM JDBC 接口遵循标准 JDBC 规范,因此,基于 DM JDBC 进行代码编写的流程与标准 JDBC 流程一致,大致流程如图 3-10 所示。

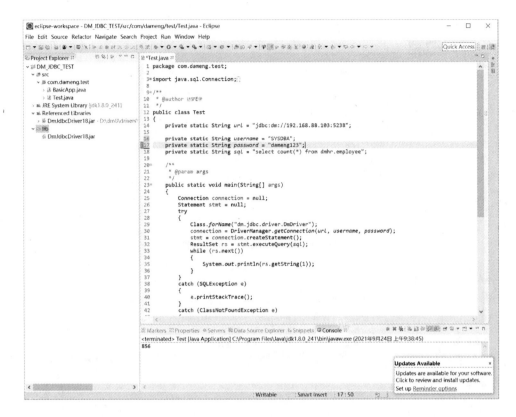

图 3-9　Java 应用程序 eclipse 开发环境

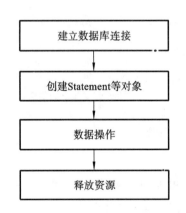

图 3-10　DM JDBC 代码编写流程

（1）建立数据库连接，获得 java. sql. Connection 对象。利用 DriverManager 或者数据源来建立数据库连接。

（2）创建 Statement 等对象。建立数据库连接后，利用连接对象创建 java. sql. Statement 对象，也可创建 java. sql. PreparedStatement 或 java. sql. CallableStatement 对象。

（3）数据操作。创建完 Statement 等对象后，即可使用该对象执行 SQL 语句，进行数据操作。

数据操作大致可分为两种类型，一种是更新操作，例如更新数据库、删除一行、创建一个新表等；另一种是查询操作，执行完查询操作之后，得到一个 java. sql. ResultSet 对象，可以操作该对象来获得指定列的信息，读取指定行的某一列的值。

（4）释放资源。对数据的操作完成之后，用户需要释放系统资源，主要是关闭结果集，关闭语句对象，释放连接。当然，这些动作也可以由 JDBC 驱动程序自动执行，但由于 Java 语言的特点，该过程较慢（需要等到 Java 程序进行垃圾回收时进行），容易出现意想不到的问题。

3. DM JDBC 代码编写示例

【例 3-2】　基于 DM JDBC 接口编写代码，要求向 DMHR. EMPLOYEE 员工表中插入一条员工信息（1007，"马德化"，"340102196202283001"，"madehua@dameng.com"，"15312377345"，"2012-02-25"，42，3290，0，1004，104）。

根据需求，程序实现过程如下。

（1）建立数据库连接。

本例中定义了 loadJdbcDriver 和 connect 函数，分别完成驱动程序加载和数据库连接。在 loadJdbcDriver 函数中调用 forClass 用于加载 DM JDBC 驱动程序，在 connect 函数中调用 DriverManager. getConnection 创建数据库连接对象。

（2）创建 Statement 对象。

本例中定义了 insertTable 函数完成数据插入操作。在该函数中调用数据库连接对象的 createStatement( ) 来完成 Statement 对象的创建。

（3）数据操作。

查询和修改员工表数据时，定义需要执行的 SQL 语句字符串。同时，使用数据库连接对象的 prepareStatement(sql) 来创建 PreparedStatement 对象；然后，设置 SQL 语句相关参数；最后调用 PreparedStatement 对象的 executeUpdate() 执行 SQL 语句。

（4）释放资源。

调用数据库连接对象的 close 即可关闭当前数据库连接。

参考代码如下所示。

```
import java.awt.Color;
import java.sql.* ;
public class BasicApp {
```

```java
String jdbcString ="dm.jdbc.driver.DmDriver";// 定义 DM JDBC 驱动串
String urlString ="jdbc:dm://localhost:5236";// 定义 DM URL 连接串
String userName ="SYSDBA";// 定义连接用户名
String password ="dameng123";// 定义连接用户口令
Connection conn =null; // 定义连接对象
/*加载 JDBC 驱动程序*/
public void loadJdbcDriver() throws SQLException {
    try {
        System.out.println("Loading JDBC Driver...");
        // 加载 JDBC 驱动程序
        Class.forName(jdbcString);
    } catch (ClassNotFoundException e) {
        throw new SQLException ("Load JDBC Driver Error : " + e.
getMessage());
    } catch (Exception ex) {
        throw new SQLException ("Load JDBC Driver Error : "+ ex.
getMessage());
    }
}
/*连接 DM 数据库*/
public void connect() throws SQLException {
try {
    System.out.println("Connecting to DM Server...");
    // 连接 DM 数据库
    conn =DriverManager.getConnection(urlString, userName, password);
    } catch (SQLException e) {
        throw new SQLException ("Connect to DM Server Error : "+ e.
getMessage());
    }
}
/*关闭连接*/
```

```java
    public void disConnect() throws SQLException {
        try {
          // 关闭连接
          conn.close();
        } catch (SQLException e) {
          throw new SQLException("close connection error : " +e.getMessage
());
        }
    }
    /*向员工表中插入数据*/
    public void insertTable() throws SQLException {
      // 插入数据语句
      String sql = "INSERT INTO dmhr.employee(EMPLOYEE_ID,EMPLOYEE_NAME,
IDENTITY_CARD, EMAIL,"
      + "PHONE_NUM, HIRE_DATE, JOB_ID, SALARY, COMMISSION_PCT,"
      + "MANAGER_ID, DEPARTMENT_ID) "
      + "VALUES(?,?,?,?,?,?,?,?,?,?,?);";
      PreparedStatement pstmt = conn.prepareStatement(sql); // 创建语句
对象
      pstmt.setInt(1, 1007); pstmt.setString(2, "马德化");
      pstmt.setString(3, "340102196202283001");
      pstmt.setString(4, "madehua@ dameng.com");
      pstmt.setString(5, "15312377345"); pstmt.setDate(6, Date.valueOf
("2012-02-25"));
      pstmt.setInt(7, 42); pstmt.setInt(8, 3290); pstmt.setInt(9, 0);
pstmt.setInt(10, 1004);
      pstmt.setInt(11, 104);
      pstmt.executeUpdate();// 执行语句
      pstmt.close();// 关闭语句
    }
    public static void main(String args[]) {
```

```
try {
    BasicApp basicApp = new BasicApp();// 定义类对象
    basicApp.loadJdbcDriver();// 加载驱动程序
    basicApp.connect();// 连接 DM 数据库
    basicApp.insertTable();
    basicApp.disConnect();// 关闭连接
    } catch (SQLException e) {
        System.out.println(e.getMessage());
    }
    }
}
```

3.3.3 .NET Data Provider 应用程序开发示例

1..NET Data Provider 应用程序开发总体流程

DM .NET Provider 为程序员提供了基于.NET Data Provider 接口开发应用程序的手段,程序员利用 DM .NET Provider 开发应用程序的总体流程如下:首先,获取 DM .NET Provider 驱动包(拷贝对应的 DmProvider. dll 包即可);然后,引用 DM .NET Provider 驱动文件;最后,基于 DM .NET Provider 编程接口,编写代码访问和操作 DM 8 数据库。

1) 获取 DM .NET Provider 驱动包

DM .NET Provider 驱动包的获取方式有两种:一是安装 DM 数据库客户端;二是直接复制已有客户端或服务器中的 DM .NET Provider 驱动包。

比如 Windows 或 Linux 机器上,如果已经安装了 DM 数据库客户端,则在安装目录的 drivers 目录下找到 dotNet 文件夹,该文件夹下 DmProvider 中有对应不同.NET Framework 框架版本的 DM .NET Provider 驱动包。如图 3-11 所示,如果开发环境为.NET Framework4.5 以上版本,则需拷贝 net45 目录下 DmProvider. dll 文件至开发环境。

图 3-11　DM . NET Provider 驱动目录

2）引用 DM . NET Provider 驱动包

　　这里以开发工具 Visual Studio 为例，介绍利用 C♯ 项目引用 DM . NET Provider 驱动包。在 Visual Studio 界面选择"创建新项目"，语言选择 C♯，平台可根据自己需要选择，这里以选择 Windows 为例，创建一个 C♯ 项目（注意 Visual Studio 工具需要提前下载并安装对应的 . NET Framework 框架相关包），如图 3-12 所示。

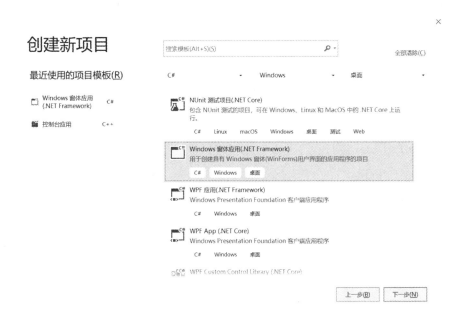

图 3-12　利用 Visual Studio 创建 C♯ 项目

在打开的项目中，在菜单界面选择"项目"→"添加引用"，打开"引用管理器"界面，点击"浏览",选择对应驱动包 DmProvider.dll 的存放路径,点击"确定"即可,如图 3-13 所示。

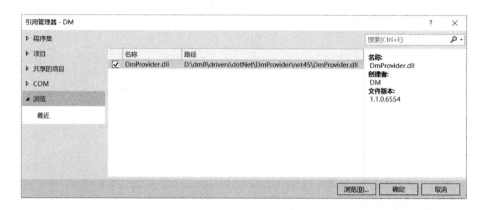

图 3-13　引用 DM . NET Provider 驱动包

3）编写开发代码

DM . NET Provider 驱动包引用至开发环境后,即可编写相关 C♯代码访问 DM 数据库,进行 DM 数据对象的管理、数据的查询和修改等操作。代码编写完成后,在工程界面上选择绿色"启动"图标 ▶ 启动 ▾,即可运行代码,如图 3-14 所示。

2. . NET Data Provider 代码编写流程

达梦数据库. NET Data Provider 编程遵循标准规范,因此,基于达梦数据库. NET Data Provider 进行程序开发的流程与标准. NET Data Provider 程序开发流程一致,如图 3-15 所示。

（1）建立数据库连接。使用 DmConnnection 创建达梦数据库连接对象,指定数据库连接对象的数据库连接参数,使用连接对象的 Open 方法打开数据库连接。

（2）创建 DmCommand 对象。新建一个 DmCommand 对象,该对象直接内置在 DM 模块中。

（3）数据操作。为当前 DmCommand 对象指定命令内容 CommandText（CommandText 中的内容可以为 SQL 命令或者存储过程）及命令类型 CommandType,即可进行相应数据操作。

（4）释放资源。对数据的操作完成之后,用户需要释放系统资源,调用数据库连

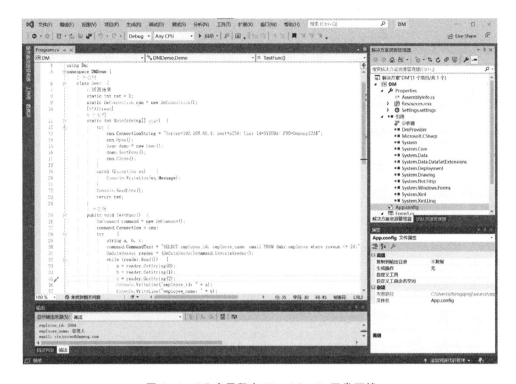

图 3-14　C♯ 应用程序 Visual Studio 开发环境

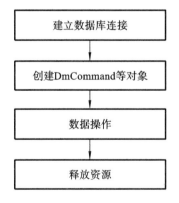

图 3-15　.NET Data Provider 程序开发流程

接对象的 Close 方法关闭数据库连接,释放相应资源。

3. .NET Data Provider 代码编写示例

【例 3-3】　基于 DM .NET Data Provider 接口,编写代码,查询 DMHR.

EMPLOYEE 中职员的姓名、邮编、手机号码,并插入一条记录(1007,'马德化','340102196202283001','madehua@dameng.com','15312377345','2012-02-25',42,3290,0,1004,104)。

利用 Visual Studio 2010 集成开发环境开发基于 DM . NET Data Provider 的应用程序,需先创建项目文件,并进行相关参数的配置。在项目中引用 DM 安装包目录下的 DmProvider. dll(DmProvider. dll 可以在达梦安装目录的 dmdbms\drivers\dotNet\DmProvider 下的 net20 或者 netstandard2. 0 文件夹内找到)。同时,使用 using Dm 导入 DM 模块,即可编写代码实现相应的数据操作。

1)建立数据库连接

(1)使用 DmConnection 创建达梦数据库连接对象;

(2)指定数据库连接对象的数据库连接参数 ConnectionString;

(3)使用连接对象的 Open 方法打开数据库连接。

2)创建 DmCommand 对象

在 DM 模块中有 DmCommand 类,可直接使用 new 关键字创建 DmCommand 对象。

3)数据操作

(1)为 DmCommand 对象指定命令内容 CommandText 及命令类型 CommandType;

(2)调用 DmCommand 对象的 ExecuteNonQuery 方法,执行 SQL 命令;

(3)创建 DmDataReader 读取对象接收 DmCommand 对象的 ExecuteReader 方法返回的结果。

4)释放资源

调用连接对象的 Close 方法来关闭当前数据库连接。

参考代码如下所示。

```
using system;
using Dm;
...
namespace DMDemo
{
```

```
// 创建一个插入操作类
class InsertDemo
{
    //返回结果
    static int ret =1;
    static DmConnection cnn =new DmConnection();
    static int Main(string[] args)
    {
        try
        {
            cnn.ConnectionString = "Server= localhost; User Id= SYSDBA;
PWD= dameng123";
            cnn.Open();
            InsertDemo demo =new InsertDemo();
            demo.TestFunc();
            cnn.Close();
        }
        catch (Exception ex)
        {
            Console.WriteLine(ex.Message);
        }
        Console.ReadLine();
        return ret;
    }
    public void TestFunc()
    {
        DmCommand command =new DmCommand();
        command.Connection =cnn;
        try
        {
            // 先删除表中可能存在同样 id 的记录
```

```
                command.CommandText = "delete from DMHR.EMPLOYEE where
employee_id = 1007;";
                command.ExecuteNonQuery();
                // 如果执行 update 操作则使用 update sql 语句
                // 如果执行 delete 操作则使用 delete sql 语句
                command.CommandText = "INSERT INTO DMHR.EMPLOYEE(EMPLOYEE_
ID,EMPLOYEE_NAME, IDENTITY_CARD, EMAIL, " +
                "PHONE_NUM, HIRE_DATE, JOB_ID, SALARY, COMMISSION_PCT, " +
                 "MANAGER_ID, DEPARTMENT_ID) VALUES (1007,'马德化 ', '340
102196202283001', 'madehua@ dameng.com', '15312377345', '2012-02-25',42 ,
3290, " +
                "0, 1004, 104);";
                command.ExecuteNonQuery();
                string a, b, c;
                command.CommandText = "SELECT EMPLOYEE_NAME, EMAIL, PHONE_
NUM FROM DMHR.EMPLOYEE;";
                DmDataReader reader = (DmDataReader) command.ExecuteReader
();
                while (reader.Read())
                {
                    a = reader.GetString(0);
                    b = reader.GetString(1);
                    c = reader.GetString(2);
                    Console.WriteLine("本次 SQL 操作后结果:");
                    Console.WriteLine("EMPLOYEE_NAME:" +a);
                    Console.WriteLine("EMAIL:" +b);
                    Console.WriteLine("PHONE_NUM:" +c);
                    Console.WriteLine("--------------------");
                }
            }
            catch (Exception ex)
```

```
        {
            Console.WriteLine(ex.Message);
            ret = 0;
        }
    }
  }
}
```

任务 4　高级语言达梦数据库程序设计

4.1　任务说明

在数据库系统的实际应用中,常常需要通过应用程序对数据库进行操作,为此,达梦数据库系统提供了对多种高级程序语言的支持,包括 PHP、Python、Node. js、Go等。本章对 PHP、Python 高级语言的达梦数据库程序设计进行介绍。通过本章的学习,读者应能使用 PHP、Python 等语言访问和操作达梦数据库。

4.2　任务知识点

4.2.1　PHP 程序设计

为了使使用 PHP 语言的 Web 应用可以和达梦数据库的服务器端进行通信,并且获得更快的速度以及对系统更强的控制,可以利用一个用 C 语言函数实现的瘦中间层。该瘦中间层就是 PHP 扩展,它实现了一组 C 语言 API,成为 PHP 语言级别的函数调用。

DM PHP 是在 PHP 开放源码的基础上开发的一个动态扩展库,接口的实现参考了 MySQL 的 PHP 扩展,功能、参数及调用过程都和后者十分相似,命名统一采用以

dm 开头的小写英文字母方式,各个单词之间以下划线分隔。PHP 应用程序可通过 DM PHP 扩展接口库访问达梦数据库服务器。

1. PHP 环境准备

目前达梦数据库支持的 PHP 版本为 PHP 5.2、5.3、5.4、5.5、5.6 和 PHP 7.0、7.1、7.2、7.3、7.4 等,用户可根据自己安装的 PHP 版本选择对应的接口库。下面的示例均以 PHP 7.4 版本为例,如果版本不同,将 74 改为对应值即可。

1) Linux 系统下环境准备步骤

Linux 系统下,环境准备步骤如下。

(1) 下载并安装 Apache,从网络中下载"apache-2.4.tar.gz",保存到"/home/tmp"目录下;

(2) 下载并安装 PHP,从网络中下载最新的"php-7.4.tar.gz",保存到"/home/tmp"目录下;

(3) 安装达梦数据库 DM 8.0,如安装到"/usr/local/DMDBMS"目录下;

(4) 配置 DM PHP,修改 php.ini,添加"extension_dir=/usr/local/DMDBMS/drivers/php_pdo,extension=libphp74_dm.so",添加 php.ini 中有关连接的配置,设置环境变量"export LD_LIBRARY_PATH=/usr/local/DMDBMS/bin"。

php.ini 中可以配置的参数如表 4-1 所示。

表 4-1　php.ini 可配置的参数

参　　数	说　　明	配　置　实　例
dm.default_host	DM 连接默认 IP 和 PORT	dm.default_host=192.168.0.25:6237
dm.default_user	DM 连接默认用户名	dm.default_user=SYSDBA
dm.default_pw	DM 连接默认密码	dm.default_pw=SYSDBA
extension_dir	DM 依赖库路径	extension_dir=/usr/local/DMDBS/drivers/php_pdo
extension	DM 依赖库名称	extension=libphp74_dm.so

参　　数	说　　明	配 置 实 例
dm.defaultlrl	COLB 类型读取的默认长度,单位为 Byte,范围为 1～2147483648,即 1～2 G,默认 4096	dm. defaultlrl ＝ 32767

2) Windows 系统下环境准备步骤

(1) 下载 Apache 24 的 Windows 版本并安装,安装即解压。

(2) 下载 PHP 74(64 位)并安装,下载地址为 https://www.php.net/,安装即解压。

(3) 安装达梦数据库 DM 8.1.1.X FOR WINDOWS 64 位。

(4) 修改配置文件 httpd.conf,进入 Apache24\conf 文件夹,打开 httpd.conf 配置文件,具体修改流程如下。

①将第 38 行修改为 Apache 安装目录,如 D:\Apache24。

```
Define SRVROOT " D:/Apache24"
ServerRoot "$ {SRVROOT}"
```

②添加 PHP 的安装路径,如 PHP 的安装路径是 D:/PHP74。

```
LoadModule php7_module "D:/PHP74/php7apache2_4.dll"
```

③修改 Apache24\conf\目录下的 httpd.conf,配置 Apache,使 Apache 和 PHP 协同工作,修改代码如下。

```
< IfModule dir_module>
    DirectoryIndex index.html index.php
< /IfModule>
```

④加载 PHP 模块,在关键词 AddType 行下面添加如下代码。

```
AddType application/x-httpd-php.php

    AddType application/x-httpd-source.phps
```

（5）配置 DM PHP，具体配置流程如下。

①拷贝 DM 8 安装目录"drivers\php_pdo"子目录下对应 PHP 版本的驱动文件的 "php74_dm. dll"到 php 目录下的"ext"目录中。DM PHP 的驱动目录如图 4-1 所示。

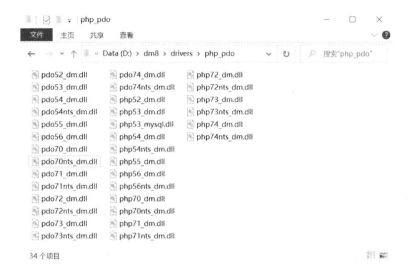

图 4-1　DM PHP 驱动信息

②创建 php. ini，在 php 安装目录下找到 php. ini-development 文件，并将其后缀名改成 php. ini。

③修改 php. ini，添加"extension_dir＝"D:\PHP74\ext"和"extension＝php74_dm. dll"到 php. ini 中。

④添加数据库的连接信息到 php. ini 中。

```
[dm]

    dm.allow_persistent =1

    dm.max_persistent =-1

    dm.max_links =-1

    dm.default_host =localhost
```

```
        dm.default_db = SYSTEM
        dm.default_user = SYSDBA
        dm.default_pw = dameng123
        dm.connect_timeout = 10
        dm.defaultlrl = 4096
        dm.defaultbinmode = 1
        dm.check_persistent = ON
        dm.port = 5236
```

⑤拷贝 DM 8 安装目录的 bin 目录下的 dmdpi. dll 及其依赖的库到 php 目录下的 "ext"目录中;

(6) 在 Apache24\htdocs 子目录下创建 php_info. php,内容如下。

```
< ? php
  header('Content-Type:text/html; charset= utf-8');
  phpinfo();
? >
```

(7) 启动 Apache 服务器,用管理员权限运行"CMD"命令,切换到 apache\bin 安装目录下,注册 Apache 服务器,并启动 Apache 服务,如图 4-2 所示。

```
httpd.exe - k install - n Apache2.4
httpd.exe - k start
```

```
D:\Apache24\bin>httpd.exe -k install -n Apache2.4
Installing the 'Apache2.4' service
The 'Apache2.4' service is successfully installed.
Testing httpd.conf...
Errors reported here must be corrected before the service can be started.

D:\Apache24\bin>httpd.exe -k start
```

图 4-2　注册和启动 Apache 服务

（8）在浏览器中输入 http:\\localhost\php_info.php，查看是否有 dm 模块项，如有说明加载 DM PHP 成功，如图 4-3 和图 4-4 所示。

PHP Version 7.4.24

System	Windows NT LAPTOP-TRNE3CK0 10.0 build 19042 (Windows 10) AMD64
Build Date	Sep 21 2021 13:32:01
Compiler	Visual C++ 2017
Architecture	x64
Configure Command	cscript /nologo /e:jscript configure.js "--enable-snapshot-build" "--enable-debug-pack" "--with-pdo-oci=c:\php-snap-build\deps_aux\oracle\x64\instantclient_12_1\sdk,shared" "--with-oci8-12c=c:\php-snap-build\deps_aux\oracle\x64\instantclient_12_1\sdk,shared" "--enable-object-out-dir=../obj/" "--enable-com-dotnet=shared" "--without-analyzer" "--with-pgo"
Server API	Apache 2.0 Handler
Virtual Directory Support	enabled
Configuration File (php.ini) Path	no value
Loaded Configuration File	(none)
Scan this dir for additional .ini files	(none)
Additional .ini files parsed	(none)
PHP API	20190902
PHP Extension	20190902
Zend Extension	320190902
Zend Extension Build	API320190902,TS,VC15
PHP Extension Build	API20190902,TS,VC15
Debug Build	no
Thread Safety	enabled
Thread API	Windows Threads
Zend Signal Handling	disabled
Zend Memory Manager	enabled
Zend Multibyte Support	disabled
IPv6 Support	enabled
DTrace Support	disabled
Registered PHP Streams	php, file, glob, data, http, ftp, zip, compress.zlib, phar
Registered Stream Socket Transports	tcp, udp
Registered Stream Filters	convert.iconv.*, string.rot13, string.toupper, string.tolower, string.strip_tags, convert.*, consumed, dechunk, zlib.*

图 4-3　Apache 加载 PHP 信息

DM

DM Support	enabled
Active Persistent Links	0
Active Links	0
DM library	Linux

Directive	Local Value	Master Value
dm.allow_persistent	On	On
dm.check_persistent	On	On
dm.default_db	no value	no value
dm.default_pw	********	********
dm.default_user	SYSDBA	SYSDBA
dm.defaultbinmode	return as is	return as is
dm.defaultlrl	return up to 4096 bytes	return up to 4096 bytes
dm.max_links	Unlimited	Unlimited
dm.max_persistent	Unlimited	Unlimited

图 4-4　Apache 加载 DM 数据库信息

也可以通过在 PHP74\bin 安装目录下执行以下命令,完成 DM PHP 的加载。

```
php.exe Apache24\htdocs\php_info.php
```

注意:PHP 安装包的 CPU 位数要和达梦数据库安装包的位数一致,PHP 包是 64 位的,DM 安装包也应该是 64 位的,PHP 包是 32 位的,DM 安装包也应该是 32 位的。

2. PHP 主要接口

达梦数据库提供的 DM PHP 5.x 扩展接口函数如表 4-2 所示。

表 4-2　DM PHP 5.x 扩展接口函数

序号	扩展接口函数	作 用 描 述	PHP 7.x 是否支持
1	dm_connect	打开一个到 DM 服务器的连接	支持
2	dm_pconnect	打开一个到 DM 服务器的持久连接	支持
3	dm_close	关闭 DM 连接	支持
4	dm_set_connect	设置连接	不支持
5	dm_error	返回上一个 DM 操作产生的文本错误信息	支持
6	dm_errno	返回上一个 DM 操作中的错误信息的数字编码	不支持
7	dm_query	发送一条 DM 查询,并可执行	PHP 7.x 中用 dm_exec 代替　本扩展自 PHP 5.5.0 起已废弃,并自 PHP 7.0.0 起被移除
8	dm_unbuffered_query	向 DM 发送一条 SQL 查询,并不获取和缓存结果的行	PHP 7.x 中用 dm_exec 代替

续表

序号	扩展接口函数	作　用　描　述	PHP 7.x 是否支持
9	dm_more_query_no _result	执行一条无结果集的语句	PHP 7.x 中用 dm_exec 代替
10	dm_db_query	发送一条库的 DM 查询,并可执行,但库参数不起作用	PHP 7.x 中用 dm_exec 代替
11	dm_affected_rows	取得前一次 DM 操作所影响的记录行数	
12	dm_escape_string	转义一个字符串,用于 dm_query	
13	dm_fetch_array	从结果集中取得一行作为关联数组,或数字数组,或二者兼有	支持
14	dm_fetch_assoc	从结果集中取得一行作为关联数组	
15	dm_fetch_field	从结果集中取得列信息并作为对象返回	
16	dm_num_fields	取得结果集中字段的数目	支持
17	dm_fetch_length	取得结果集中每个输出的长度	
18	dm_fetch_object	从结果集中取得一行作为对象	支持
19	dm_fetch_row	从结果集中取得一行作为枚举数组	支持
20	dm_field_flags	从结果中取得和指定字段关联的标志	
21	dm_field_len	返回指定字段的长度	支持
22	dm_field_name	取得结果集中指定字段的字段名	支持
23	dm_field_seek	将结果集中的指针设定为制定的字段偏移量	
24	dm_field_table	取得指定字段所在的表名	
25	dm_field_type	取得结果集中指定字段的类型	支持
26	dm_free_result	释放结果内存	支持
27	dm_get_server_info	取得 DM 服务器信息	
28	dm_list_fields	列出 DM 结果中的字段	
29	dm_list_tables	列出 DM 数据库中的表	PHP 7.x 中用 dm_tables 代替
30	dm_num_rows	取得结果集中行的数目	支持

续表

序号	扩展接口函数	作 用 描 述	PHP 7.x是否支持
31	dm_ping	测试一个服务器连接,如果没有连接则重新连接	
32	dm_result	取得结果数据	支持
33	dm_insert_id	取得上一步 INSERT 操作产生的 ID	
34	dm_tablename	取得表名	
35	dm_data_seek	移动内部结果的指针	
36	dm _ set _ object _ name_case	设置比较时的大小写方式	
37	dm_prepare	准备一条语句	支持
38	dm_commit	提交一个事务	支持
39	dm_execute	执行一条语句	支持
40	dm_abort	回滚一个事务	PHP 7.x 中用 dm_rollback 代替
41	dm_begin_trans	开始一个事务	
42	dm_get_version	获取服务器版本	
43	dm_more_result	确定句柄上是否包含多个结果集。如果有,则处理这些结果集	

下面列出达梦数据库提供的DM PHP 7.x扩展接口函数,如表4-3所示。

表 4-3 DM PHP 7.x 扩展接口函数

序号	扩展接口函数	作 用 描 述	PHP 5.x是否支持
1	dm_connect	打开一个到 DM 服务器的连接	支持
2	dm_pconnect	打开一个到 DM 服务器的持久连接	支持
3	dm_close	关闭 DM 连接	支持
4	dm_error	返回上一个 DM 操作产生的文本错误码	功能等价于 dm _errno(PHP 5.x)

续表

序号	扩展接口函数	作 用 描 述	PHP 5. x是否支持
5	dm_fetch_array	从结果集中取得一行作为关联数组,只能以列名索引	支持
6	dm_num_fields	取得结果集中字段的数目	支持
7	dm_fetch_object	从结果集中取得一行作为对象	支持
8	dm_fetch_row	从结果集中取得一行作为枚举数组	支持
9	dm_field_len/ 别名 dm _ field _precision	返回指定字段的长度	支持
10	dm_field_name	取得结果集中指定字段的字段名	支持
11	dm_field_type	取得结果集中指定字段的类型	支持
12	dm_free_result	释放结果内存	支持
13	dm_num_rows	取得结果集中行的数目	支持
14	dm_result	取得结果数据	支持
15	dm_prepare	准备一条语句	支持
16	dm_commit	提交一个事务	支持
17	dm_execute	执行一条语句	支持
18	dm_binmode	是否读取二进制类型	
19	dm_close_all	关闭所有 DM 连接	
20	dm_columns	获取指定表的所有列信息	
21	dm_autocommit	设置自动提交功能	
22	dm_cursor	获取游标信息	
23	dm_errormsg	获取最后一个错误信息	功能等价于 dm _error(PHP 5. x)
24	dm_exec/ 别名 dm_do	准备并执行 SQL 语句	功能等价于 PHP 5. x 的 dm_execute, 包含 prepare+execute

续表

序号	扩展接口函数	作 用 描 述	PHP 5.x 是否支持
25	dm_fetch_into	从结果集中取得一行作为一个数组	
26	dm_field_scale	取得结果集中指定字段的标度	
27	dm_field_num	取得结果集中字段的编号	
28	dm_longreadlen	设置变长类型,读取的最大长度	
29	dm_next_result	确定句柄上是否包含多个结果集。如果有,则处理这些结果集	
30	dm_result_all	获取全部结果集,并打印成 html 格式	
31	dm_rollback	回滚	同 dm_abort (PHP 5.x)
32	dm_setoption	调整语句和连接的属性配置	
33	dm_specialcolumns	获取特殊列	
34	dm_statistics	获取表的统计信息	
35	dm_tables	获取指定模式下所有表信息	功能等价于 dm_list_tables(PHP 5.x)
36	dm_primarykeys	获取表的主键	
37	dm_columnprivileges	列的权限	
38	dm_tableprivileges	表的权限	
39	dm_foreignkeys	获取表的外键	
40	dm_procedures	获取所有过程名	
41	dm_procedurecolumns	获取所有过程的参数名	

4.2.2　Python 程序设计

dmPython 是依据 Python DB API version 2.0 中 API 的使用规定而开发的数据

库访问接口,使 Python 应用程序能够对达梦数据库进行访问和操作。由于 dmPython 是通过调用 DM DPI 接口实现对 Python 模块的扩展的,因此,在使用过程 中,除 Python 标准库以外,还需要 DPI 的运行环境。

1. Python 环境准备

1) dmPython 安装

运行 dmPython 需要使用 DPI 动态库,因此必须将 DPI 所在目录(一般为 DM 安装目录中的 bin 目录)加入系统环境变量中,并确保 DPI 和 dmPython 版本一致,都是 32 位或都是 64 位的版本,环境准备具体步骤如下。

(1) 安装 X64 的 Python 3. 6/3. 7/3. 8/3. 9(Windows 平台需要安装 Visual Studio 2017 以及 C++相应的开发环境[①])。

(2) 配置环境变量。

①在 Windows 环境下,将 DM 安装目录的"bin"目录配置到系统环境变量 PATH 中。

②在 Linux 环境下,执行下列命令配置环境变量。(假设达梦数据库安装路径为 /dm8,Python 安装路径为/usr/local/python3。)

```
export DM_HOME= /dm8
export PYTHONHOME= /usr/local/python3
export LD_LIBRARY_PATH= $ {LD_LIBRARY_PATH}:$ {PYTHONHOME}/lib:$ {DM_HOME}/bin
export PYTHONPATH= $ {PYTHONHOME}/lib/python3.9/site-packages
```

(3) 进入 DM 安装目录下的"/drivers/python/dmPython"目录,该目录为 dmPython 的驱动目录,如图 4-5 所示。

拷贝 dmPython 源码到目标目录或直接在该目录下,运行如下命令进行源码编译 安装,如图 4-6 所示。

---

① Visual Studio 2017 下载地址为 https://visualstudio.microsoft.com/zh-hans/vs/。

图 4-5　dmPython 驱动目录

```
python setup.py install
```

```
D:\dm8\drivers\python\dmPython>D:\Python\Python39\python.exe setup.py install
running install
running bdist_egg
running egg_info
creating dmPython.egg-info
writing dmPython.egg-info\PKG-INFO
writing dependency_links to dmPython.egg-info\dependency_links.txt
writing top-level names to dmPython.egg-info\top_level.txt
writing manifest file 'dmPython.egg-info\SOURCES.txt'
reading manifest file 'dmPython.egg-info\SOURCES.txt'
writing manifest file 'dmPython.egg-info\SOURCES.txt'
installing library code to build\bdist.win-amd64\egg
running install_lib
running build_ext
building 'dmPython' extension
creating build
creating build\temp.win-amd64-3.9
creating build\temp.win-amd64-3.9\Release
```

图 4-6　编译安装 dmPython

安装成功后,界面显示如下,如图 4-7 所示。

```
Installed d:\python\python39\lib\site-packages\dmpython-2.3-py3.9-win-
amd64.egg

   Processing dependencies for dmPython==2.3

   Finished processing dependencies for dmPython==2.3
```

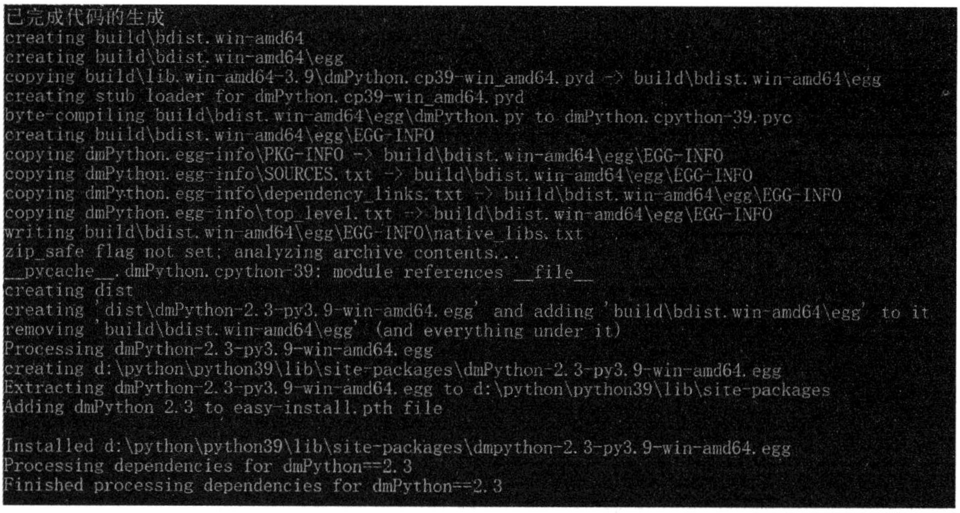

图 4-7　安装 dmPython 成功

（4）对于 Python3.8 以上版本，需要将 DM 安装目录的 dpi 目录文件拷贝至 Python 搜索路径下，执行如下代码进入 Python 解释器查看搜索路径，如图 4-8 所示。

```
python
import sys
  sys.path
```

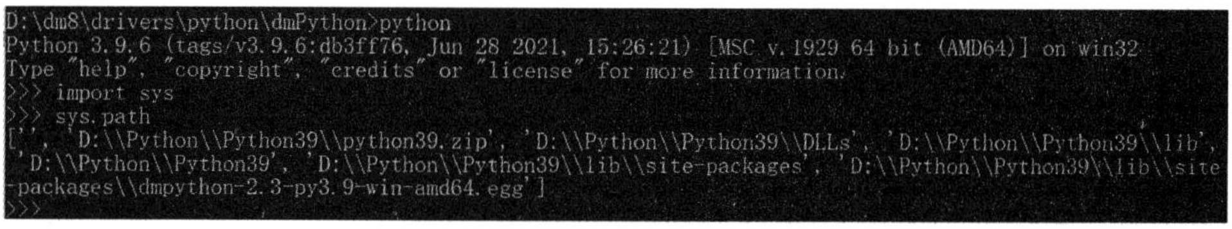

图 4-8　查看 Python 搜索路径

（5）将 DM 安装目录的 dpi 目录文件拷贝至 Python 搜索路径的最后一个目录下。在 Python 命令行内执行如下命令，如果导入成功，则说明环境配置完成，如果报错，则说明环境配置有误，请重新检查上述配置，如图 4-9 所示。

```
import dmPython
```

```
D:\dm8\drivers\python\dmPython>python
Python 3.9.6 (tags/v3.9.6:db3ff76, Jun 28 2021, 15:26:21) [MSC v.1929 64 bit (AMD64)] on win32
Type "help", "copyright", "credits" or "license" for more information.
>>> import dmPython
>>>
```

图 4-9　import dmPython 导入示例

2) django_dmPython 驱动安装

django_dmPython 是 Python 语言 Django 应用程序框架连接达梦数据库的驱动。

（1）从安装目录下的"/drivers/python/"目录下查看匹配的 djanggo 版本信息，然后进入对应的 django 目录，并将源码拷贝到目标目录，运行如下命令进行安装。

```
python setup.py install
```

（2）安装成功后，在 Python 命令行内执行如下命令，如导入成功，则说明环境配置完成。

```
import django_dmPython
```

django_dmPython 驱动安装正确，创建 Django 项目后，还需对 Django 项目的配置文件 settings.py 进行修改。Django 默认配置的数据库是 sqlite3，如要连接达梦数据库，需修改 settings.py 中的 DATABASES 元组，配置方法如下。

```
DATABASES = {
    'default':{
        'ENGINE':'django_dmPython',
        'NAME':'DAMENG',
        'USER':'SYSDBA',
        'PASSWORD':'SYSDBA',
        'HOST':'localhost',
        'PORT':'5236',
        'OPTIONS':{'local_code':1,'connection_timeout':5}
    }
}
```

其中,OPTIONS 是各个驱动都支持的选项,只需要在 OPTIONS 中以字典对象的方式配置 dmPython. connect 支持的选项即可,例如:'local_code':1,可以包含多个字典对象,用逗号分隔。

3) sqlalchemy_dm 方言包安装

SQLAlchemy 是 Python 下的开源软件,提供了 SQL 工具包及对象关系映射(ORM)工具,让应用程序开发人员可利用 SQL 的强大功能和灵活性。sqlalchemy_dm 方言包是 DM 提供的用于 SQLAlchemy 连接 DM 数据库的方法。

(1) 安装 SQLAlchemy 软件。

在 https://pypi. org/project/SQLAlchemy/1. 3. 19/♯files 中下载与操作系统及 Python 相应的 SQLAlchemy 安装文件并运行。

(2) 从安装目录下的"/drivers/python/sqlalchemy"目录下拷贝所有文件到目标目录,进入目录后运行如下命令进行安装。

```
python setup.py install
```

2. 连接串语法说明

dmPython 包提供 dmPython. connect 方法连接达梦数据库,方法参数为连接属性。主要连接串属性及其含义如表 4-4 所示。

表 4-4　连接串属性

属　性　名	描　　　述
user	登录用户名,默认为 SYSDBA
password	登录密码,默认为 SYSDBA
dsn	包含主库地址和端口号的字符串,格式为"主库地址:端口号"
host/server	主库地址,包括 IP 地址、localhost 或者主库名,默认为 localhost,注意 host 和 server 关键字只允许指定其中一个,含义相同
port	端口号,服务器登录端口号,默认为 5236
access_mode	连接的访问模式,默认为读写模式

续表

属性名	描 述
autoCommit	DML 操作是否自动提交,默认为 TRUE
connection_timeout	执行超时时间(s),默认为 0,表示不限制
login_timeout	登录超时时间(s),默认为 5
app_name	应用程序名

3. dmPython 主要对象和函数

dmPython 主要类和接口如表 4-5 所示。

表 4-5　dmPython 的主要类和接口说明

主要类或接口	类或接口说明	主要属性或函数	函数说明
dmPython	创建连接,定义各变量对象、常量等	connect(* args, * * kwargs)	创建与数据库的连接并返回一个 connection 对象。参数为连接属性,所有连接属性都可以用关键字指定,在 connection 连接串中,没有指定的关键字都按照默认值处理
		Date (year, month, day)	日期类型对象
		NUMBER	用于描述达梦数据库中的 BYTE/TINYINT/SMALLINT/INT/INTEGER 类型
		BIGINT	用于描述达梦数据库中的 BIGINT 类型
		ROWID	用于描述达梦数据库中的 ROWID,ROWID 列在达梦数据库中是伪列,用来标识数据库基表中每一条记录的唯一键值,实际上在表中并不存在。允许查询 ROWID 列,不允许增、删、改操作

主要类或接口	类或接口说明	主要属性或函数	函 数 说 明
dmPython	创建连接,定义各变量对象、常量等	DOUBLE	用于描述达梦数据库中的 FLOAT/DOUBLE/DOUBLE PRECISION 类型
		其他类型变量参数	dmPython 变量类型对象的定义
		常量参数	dmPython 的常量(略)
Connection	DM 数据库连接	cursor( )	构造一个当前连接上的 cursor 对象,用于执行操作
		commit( )	手动提交当前事务。如果设置了非自动提交模式,可以调用该方法手动提交
		rollback( )	手动回滚当前未提交的事务
		close( ), disconnect( )	关闭与数据库的连接
		debug([debugType])	打开服务器调试,可以指定从 dmPython.DebugType 的一种方式打开,不指定则使用默认方式 dmPython.DEBUG_OPEN 打开
		shutdown([shutdownType])	关闭服务器
		explain(sql)	返回指定 SQL 语句的执行计划
Cursor	执行 SQL,获取数据	Cursor.callproc(procname, * arg)	调用存储过程,返回执行后的所有输入输出参数序列。如果存储过程带参数,则必须为每个参数键入一个值,包括输出参数。procname:存储过程名称,字符串类型。args:存储过程的所有输入输出参数

主要类或接口	类或接口说明	主要属性或函数	函 数 说 明
Cursor	执行 SQL,获取数据	Cursor. callfunc (funcname,*args)	调用存储函数,返回存储函数执行后的返回值以及所有参数值。返回序列中第一个元素为函数返回值,后面的是函数的参数值。如果存储函数带参数,则必须为每个参数键入一个值,包括输出参数。funcname:存储函数名称,字符串类型。args:存储函数的所有参数
		prepare(sql)	准备给定的 SQL 语句。后续可以不指定 sql,直接调用 execute
		Cursor. execute (sql [,parameters]|[,**kwargsParams])	执行给定的 SQL 语句,给出的参数值和 SQL 语句中的绑定参数从左到右一一对应。如果给出的参数个数小于 SQL 语句中需要绑定的参数个数或者给定参数名称绑定时未找到,则剩余参数按照 None 值自动补齐。若给出的参数个数多于 SQL 语句中需要绑定的参数个数,则自动忽略多余的参数
		Cursor. executedirect(sql)	执行给定的 SQL 语句,不支持参数绑定
		Cursor. executemany (sql, sequence_of_params)	对给定的 SQL 语句进行批量绑定参数并执行该语句。参数用各行的 tuple 列表组成的序列给定
		close()	关闭 Cursor 对象

续表

主要类或接口	类或接口说明	主要属性或函数	函 数 说 明
Cursor	执行 SQL,获取数据	fetchone(),next()	获取结果集的下一行,返回一行的各列值,返回类型为 tuple 列表。如果没有下一行则返回 None
		Cursor. fetchmany([rows = Cursor. arraysize])	获取结果集的多行数据,获取行数为 rows,默认获取行数为属性 Cursor. arraysize 值。返回类型为由各行数据的 tuple 列表组成的 list,如果 rows 小于未读的结果集行数,则返回 rows 行数据,否则返回剩余所有未读取的结果集
		fetchall()	获取结果集的所有行。返回所有行数据,返回类型为由各行数据的 tuple 组成的 list
		nextset()	获取下一个结果集。如果不存在下一个结果集则返回 None,否则返回 True。可以使用 fetchXXX() 获取新结果集的行值
		Cursor. setinputsizes(sizes)	在执行操作（executeXXX, callFunc, callProc)之前调用,为后续操作中涉及的参数预定义内存空间,每项对应一个参数的类型对象,若指定一个整数数字,则认为对应字符串类型最大长度
		Cursor. setoutputsize（size [,column])	为某个结果集中的大字段（BLOB/CLOB/LONGVARBINARY/LONGVARCHAR）类型设置预定义缓存空间。若未指定 column,则 size 对所有大字段值起作用。对于大字段类型,dmPython 均以 LOB 的形式返回,故此处无特别作用,仅按标准实现

续表

主要类或接口	类或接口说明	主要属性或函数	函 数 说 明
exBFILE	允许用户独立操作的 BFILE 对象描述,对应 dmPython. exBFILE	read（［ offset ［, length］］）	读取 exBFILE 对象从偏移位置 offset 开始的 length 个值,并返回。offset 必须大于或等于 1
		size()	返回 BFILE 对象数据长度
Object	数据对象	getvalue()	以链表方式返回当前 Object 对象的数据值。若当前对象尚未赋值,则返回空
		setvalue(value)	为 Object 对象设置值 value。执行后,若 Object 存在原对象值,则原对象值被覆盖

4.3　任务实现

4.3.1　PHP 应用开发示例

利用 DM PHP 驱动程序进行应用程序设计的一般步骤如下。

（1）利用 dm_connect() 建立与数据库的连接。

（2）DM PHP 数据操作。数据操作主要分为两个方面:一个是更新操作,例如更新数据库、删除数据、创建新表等;另一个就是查询操作。

（3）释放资源。在数据操作完成之后,用户需要释放系统资源,主要是关闭结果集,关闭语句对象,释放连接。

【例 4-1】　利用 DM PHP 对人力资源示例库 DMHR 模式中员工表 EMPLOYEE 进行增加、删除、修改等数据库操作(说明:程序中用户"SYSDBA"的密码请修改为达梦数据库实际环境的 SYSDBA 密码)。

1. 增加记录

```php
/* 增加记录 */
    <?php
/* 连接选择数据库 */
$link = dm_connect("localhost", "SYSDBA", "dameng123") or die("Could not
connect : " . dm_error());
print "Connected successfully";
/* 执行 SQL 查询 */
$a = 999988;
$b = '马飞飞';
$c= '423403197212197201';
$d= 'mafeifei2@ dameng.com';
$e= '13823428872';
$f= '2014-03-02';
$g= '11';
$h= 29000;
$i= 0;
$j= 1001;
$k= 101;
$stmt = dm_prepare($link, 'insert into dmhr.employee(employee_id,
employee_name,identity_card,email,
        phone_num,hire_date,job_id,salary,commission_pct,manager_id,
department_id)
VALUES(?,?,?,?,?,?,?,?,?,?,?)');
$result = dm_execute($stmt,array($a,$b,$c,$d,$e,$f,$g,$h,$i,
$j,$k));
/* 释放资源 */
dm_free_result($stmt);
```

```
/* 断开连接 */
dm_close($ link);
? >
```

2. 修改数据

```
/* 修改数据 */
    < ? php
/* 连接选择数据库 */
$ link = dm_connect("localhost", "SYSDBA", "dameng123")
or die("Could not connect : " . dm_error());
print "Connected successfully";
/* 执行 SQL 查询 */
$ query = "update dmhr.employee set department_id = 1001 where employee_id
= 999988";
$ ret = dm_exec($ link,$ query);
/* 释放资源 */
dm_free_result($ ret);
/* 断开连接 */
dm_close($ link);
? >
```

3. 删除记录

```
/* 删除记录 */
< ? php
```

```
/* 连接选择数据库 */
$ link = dm_connect("localhost", "SYSDBA", "dameng123")
or die("Could not connect : " . dm_error());
print "Connected successfully";
/* 执行 SQL 查询 */
$ query = "delete from dmhr.employee where employee_id = 999988";
$ ret = dm_exec($ link,$ query);
/* 释放资源 */
dm_free_result($ ret);
/* 断开连接 */
dm_close($ link);
? >
```

【例 4-2】　创建 dmhr2.php 文件,该文件保存至 Apache 安装目录的 htdocs 目录下,使用 PHP 语言查询员工表中部门编码为 103 的员工信息,参考代码如下。

```
<! DOCTYPE html PUBLIC " -//W3C//DTD XHTML 1.0 Transitional//EN"
"http://www.w3.org/TR/xhtml1/DTD/xhtml1-transitional.dtd">
<html xmlns="http://www.w3.org/1999/xhtml">
<head>
<meta http-equiv="Content-Type" content="text/html; charset=gb2312"
/>
 <style type="text/css">
<! --
body,td,th {
        font-size: 12px;
}
-->
</style> </head>
<body> <? php
```

```
    /*  连接选择数据库 * /
    $ link = dm_connect("192.168.88.4:5236", "SYSDBA", "Dameng123$ ")
        or die("Could not connect : " . dm_error());
    print "Connected successfully";
    /*  执行 SQL 查询 * /
    $ result = dm_exec($ link,"select employee_id,employee_name,email,
to_char(salary,'9999,9999.00')salary from dmhr.employee where department_
id=103");
    /*  在 HTML 中打印结果 * /
    print "<table border=\"1\" cellspacing=\"1\" cellpadding=\"1\"> \
n";
    print "\t<tr> \n\t\t<td> 员工编码 </td> \n\t\t<td> 员工姓名</td>
\n \t\t<td> 邮箱</td> \n\t\t<td> 薪资</td> \n \t</tr> \n ";
    while ($ line = dm_fetch_array($ result)) {
        print "\t<tr> \n";
        foreach ($ line as $ col_value) {
            print "\t\t<td> $ col_value</td> \n";
        }
        print "\t</tr> \n";
    }
    print "</table> \n";
    /*  释放资源 * /
    dm_free_result($ result);
    /*  断开连接 * /
    dm_close($ link);
    ? >
    </body>
</html>
```

代码编写完成后,通过浏览器访问 Apache 服务 dmhr2. php 页面(保证 Apache 服务开启),页面显示如图 4-10 所示。